NEW
全新版
★★★

高等学校实验课系列教材

GAODENG XUEXIAO SHIYANKE XILIE JIAOCAI

电路与电子技术实验

主 编 邓泽霞

副主编 陈古波 张 里 古良玲

参 编 向险峰 张 静 李 民

重庆大学出版社

内容提要

电子技术是一门应用性、实践性很强的学科,电子技术实验是学习和研究电子技术学科的重要手段,既是对理论的验证、实施,还是对理论的进一步研究与探索。它是电气工程、自动化、电子信息工程、通信工程、测控技术及仪器、生物医学和计算机技术等专业的重要技术基础课,是这一课程体系不可缺少的重要实践教学环节。

《电路与电子技术实验》全书共6部分,主要内容包括:电子测量基础、电路基础实验、模拟电路实验、数字电子技术基础实验、综合设计性实验以及附录。

全书包含各类实验项目共34项,实验项目的设置基本满足了创新型和应用型人才培养不同层次的教学需求,任课教师可根据需要灵活选用。

本书可作为高等学校电气类、电子信息类、自动化类、计算机类、仪器仪表类本科专业电子技术实验教学和课程设计的教材,高职高专相关专业也可选作教材,也可作从事电子技术的工程技术人员的参考用书。

图书在版编目(CIP)数据

电路与电子技术实验 / 邓泽霞主编. --重庆:重庆大学出版社,2019.8(2023.7 重印)
ISBN 978-7-5689-1554-0

Ⅰ.①电… Ⅱ.①邓… Ⅲ.①电路—实验—高等学校—教材②电子技术—实验—高等学校—教材 Ⅳ.①TM13-33②TN-33

中国版本图书馆 CIP 数据核字(2019)第 093103 号

电路与电子技术实验
DIANLU YU DIANZIJISHU SHIYAN

主 编 邓泽霞
副主编 陈古波 张 里 古良玲
参 编 向险峰 张 静 李 民
责任编辑:鲁 黎 版式设计:鲁 黎
责任校对:邹小梅 责任印制:张 策

*

重庆大学出版社出版发行
出版人:饶帮华
社址:重庆市沙坪坝区大学城西路 21 号
邮编:401331
电话:(023)88617190 88617185(中小学)
传真:(023)88617186 88617166
网址:http://www.cqup.com.cn
邮箱:fxk@ cqup.com.cn(营销中心)
全国新华书店经销
中雅(重庆)彩色印刷有限公司印刷

*

开本:787mm×1092mm 1/16 印张:11.5 字数:258 千
2019 年 8 月第 1 版 2023 年 7 月第 2 次印刷
印数:2 001—3 000
ISBN 978-7-5689-1554-0 定价:35.00 元

前　言

　　电路与电子技术实验是高等教育工科院校实践环节的一个重要组成部分。通过对这门课程的学习，学生可将电路电子技术基础理论与实际操作有机地结合起来，加深对理论知识的理解，逐步培养和提高自身的实验能力、实际操作能力、独立分析问题的能力和解决问题的能力，以及创新思维能力和理论联系实际的能力。

　　本书第 1 章为电子测量基础，主要介绍电路电子测量的一些基础知识和 Multisim 仿真软件的使用，让学生对电子元器件、电子参数的基本测试方法、电子电路的设计方法以及 Multisim 仿真软件的使用有一定了解；第 2 章为电路基础实验项目；第 3 章为模拟电子技术基础实验项目；第 4 章为数字电子技术基础实验项目，使学生熟练运用各种单元电路，能进行各种电参数的测量，以及掌握各种集成电路的功能和基本应用；第 5 章为综合设计性实验项目，可提高学生对基础知识、基本实验技能的运用能力，以加深对单元功能电路的理解，掌握各功能电路之间参数的衔接和匹配关系，提高学生综合运用知识的能力。附录列出了部分集成电路的引脚排列，便于同学们查阅。本书中实验要求学生预习时对实验内容进行仿真，仿真完成之后再到实验室进行实物实验，将实物实验与虚拟仿真实验有机地结合起来。本书将许多在实验室中无法进行的实验操作或操作难度大的实验内容通过上机进行仿真，极大地丰富了实验内容。

　　本书由邓泽霞任主编，陈古波、张里、古良玲任副主编，向险峰、张静、李民参编。编写分工如下：第 1 章和第 3 章由邓泽霞、陈古波编写，第 2 章由邓泽霞、向险峰和李民编写，第 4 章由古良玲、张静编写，第 5 章和附录由邓泽霞、张里编写。全书由邓泽霞负责统稿。

　　本书在编写过程中得到重庆理工大学电工电子技术实验中心各位领导及老师的大力支持和帮助，在此表示衷心的感谢！

　　由于编者水平有限，教材中的不足之处，恳请读者批评指正。

编者

2019 年 2 月

目录

1

第 1 章
电子测量基础

1.1 电路与电子技术实验的意义及一般过程

1.1.1 实验的目的和意义

电路与电子技术实验是自动化、电子信息工程、通信工程等专业的重要技术基础课,它的任务是使学生获得电子技术方面的基本理论、基本知识和基本技能,培养学生分析问题和解决问题的能力。在实际工作中,电子技术人员需要分析器件、电路的工作原理;验证器件、电路的功能;对电路进行调试、分析,排除电路故障;测试器件、电路的性能指标;设计、制作各种实用电路的样机。这些都离不开实验。此外,通过实验可以培养学生严谨的工作作风,严肃认真、实事求是的科学态度,刻苦钻研、勇于探索和创新的开拓精神,遵守纪律、团结协作的优良品质。

1.1.2 实验的基本过程

(1)实验前的预习

认真阅读实验教材,明确实验目的、任务,了解实验内容。复习有关理论知识,并进行必要的估算,认真完成所要求的电路设计任务。根据实验内容拟好实验步骤,选择测试方案,用Multisim仿真软件对实验内容进行仿真。设计记录表格,了解注意事项,解答思考题等,写出预习报告。

(2)实验过程

学生首次进入实验室要熟悉实验室的环境,了解实验室的规则,自觉遵守实验室的各项规章制度,保证实验室有良好的实验秩序、实验环境,要注意人身安全和仪器设备安全。

按照实验方案进行电子实验线路的安装与接线,检查无误后通电。学生要精心操作,认真观察实验现象,准确记录实验现象和实验数据(包括波形等)。如果发现有误,要分析原因,排除故障(应记录故障现象和排除故障的方法)。如果发生安全事故,应立即切断电源,报告老师。

实验内容完成之后,要将实验记录交给老师审阅,得到老师同意后再拆除线路,清理现场。

实验过程中出现了一些在预习时没有预料到的故障和问题是正常现象,实验者通过思考和分析,独立地排除故障,解决问题的过程是积累经验、增长知识的过程,从中可以得到提高和锻炼。

(3)实验报告的撰写

实验报告是实验结果的总结和反映,也是实验课的继续和提高。通过撰写实验报告,使知识条理化,可以培养学生综合分析问题的能力。撰写一份高质量的实验报告必须做到以下几点:

①以实事求是的科学态度认真做好各次实验。在实验过程中,对读测的各种原始实验数据应按实际情况记录下来,不应擅自修改,更不能弄虚作假。

②对测量结果和所记录的实验现象,要会正确分析与判断,不能对测量结果的正确与否一无所知,以致出现因数据错误而重做实验的情况。如果发现数据有问题,要认真查找线路并分析原因。数据经初步整理后,请指导老师审核签字认可,然后才可拆线。

③实验报告的主要内容包括以下几个方面:

【实验目的】

【实验原理】

【实验电路图】

【实验设备、器材】

【实验方案、步骤】

【实验数据、波形和现象的相关计算、分析、处理结果】

【实验结论】

【实验中问题的处理、讨论和建议,收获和体会】

【附实验的原始数据记录】(老师签字确认)

在撰写实验报告时,常常要对实验数据进行科学的处理,才能找出其中的规律,并得出有用的结论。常用的数据处理方法是列表和制图。实验所得的数据可分类记录在表格中,这样便于对数据进行分析和比较。实验结果也可绘成曲线直观地表示出来。在作图时,应合理选择坐标刻度和起点位置(坐标起点并不一定要从零开始),并绘图。当标尺范围很宽时,应采用对数坐标纸。另外,在波形图上通常还应标明幅值、周期等参数。

1.2　常用电子元件基础知识

1.2.1　电阻器

电阻器的种类很多,从构成材料来分,有碳质电阻器、碳膜电阻器、金属膜电阻器和线绕电阻器等多种。从结构形式来分,有固定电阻器、可变电阻器。其中固定电阻器用途最广泛。

电阻的单位及换算:

$$1\ M\Omega = 10^3\ k\Omega = 10^6\ \Omega$$

电阻在电路中通常起分压限流的作用,对信号来说,交流与直流信号都可以通过电阻。

电阻器的主要参数有:标称阻值、允许误差、标称功率、最大工作电压、温度系数、噪声等。电阻器的参数标注方法有直标法、文字符号法、色标法和数码法。

(1)直标法

采用直标法的电阻器,其电阻值用阿拉伯数字、允许误差用百分数直接标注在电阻器的表面上。额定功率较大的电阻器,将额定功率也直接标注在电阻器上。例如,$2.2 \times (1 \pm 5\%)$ kΩ等。

(2)文字符号法

采用文字符号法标注参数的电阻器,其电阻值用数字与符号组合在一起表示。

通常,文字符号 Ω、K、M 前面的数字表示整数电阻值,文字符号后面的数字表示小数点后面的小数阻值。允许误差用符号表示。例如,3R3K 表示电阻器的电阻值为 3.3 Ω,允许误差为 ±10%;4K7J 表示电阻器的电阻值为 4.7 kΩ,允许误差为±5%。

(3)数码法

用三位或四位数字(精密电阻)表示电阻器的标称值,用字母表示允许误差。前两位或三位表示有效数字,最后一位表示有效数字乘以 10 的幂次数。如 103 其阻值大小为 $10 \times 10^{3} \Omega = 10$ kΩ,5110 其阻值大小为 $511 \times 10^{0} \Omega = 511$ Ω。

(4)色标法

色标法就是规定一种颜色代表一个数字,用标在电阻器上的不同颜色的色环来标注电阻值和允许误差,如图 1-2-1 所示。

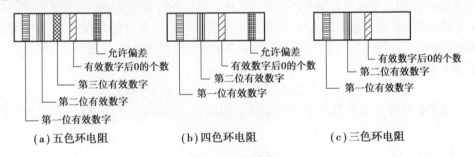

图 1-2-1　色环电阻

色环电阻器分为三色环、四色环和五色环 3 种,对三、四色环,第 1、2 环表示电阻值的前两位有效数字,第 3 环表示有效数字后面 0 的个数,其单位为 Ω,第 4 环表示允许误差(三色环电阻无误差色环)。对五色环电阻器,第 1、2、3 环表示有效数字,第 4 环表示有效数字后面 0 的个数,第 5 环表示误差。表 1-2-1 列出了各种颜色的色环所代表的数字。

表 1-2-1　电阻的色标位置和倍率关系表

颜色	有效数字	倍率	允许偏差/%
棕色	1	10^{1}	±1
红色	2	10^{2}	±2
橙色	3	10^{3}	—
黄色	4	10^{4}	—

续表

颜色	有效数字	倍率	允许偏差/%
绿色	5	10^5	±0.5
蓝色	6	10^6	±0.2
紫色	7	10^7	±0.1
灰色	8	10^8	——
白色	9	10^9	−20~+5
黑色	0	10^0	——
金色	——	10^{-1}	±5
银色	——	10^{-2}	±10
无色	——	——	±20

1.2.2 电容

常用电容器有固定电容器、可变电容器及微调电容器 3 种。固定电容器用途广泛,应注意有极性电容器的正负极在电路中不能接错。电容在电路中一般用"C"加数字表示。电容是由两片金属膜紧靠,中间用绝缘材料隔开而组成的元件。电容的特性主要是隔直流通交流。电容容量的大小就是表示能储存电能的大小,电容对交流信号的阻碍作用称为容抗,它与交流信号的频率和电容量有关。容抗 $X_c = 1/2\pi fC$,其中,f 表示交流信号的频率,C 表示电容容量。

电容的单位及换算:

$$1\ F = 10^3 mF = 10^6 \mu F = 10^9 nF = 10^{12} pF$$

电容器的标注方法与电阻的识别方法基本相同,分为直接表示法、数码表示法和色码表示法 3 种。

(1)直接表示法

图 1-2-2 所示为直接表示法标注的电容,其容量依次为 220 μF,0.01μF,30 pF,2 200 pF,0.56 μF。注意有些电容用字母表示小数点,如 R56 μF 表示 0.56 μF,1P2 表示 1.2 pF,1m5 表示 1 500 μF。

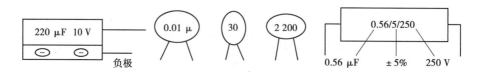

图 1-2-2 直接表示法标注的电容

(2)数码表示法

图 1-2-3 所示为数码表示法标注的电容:一般用三位数字表示容量大小,前两位表示有效数字,第三位数字是倍率。数码表示的电容量单位默认为 pF。如图 1-2-3(a)、(b)、(c)所示,103 表示 $10 \times 10^3 pF = 0.01\ \mu F$,224 表示 $22 \times 10^4 pF = 0.22\ \mu F$,152 表示 $15 \times 10^2 pF = 1\ 500\ pF$。(有一

种特例,第三位用9表示,此电容的容量有效数字乘上 10^{-1}。如图1-2-3(d)中229表示 $22\times 10^{-1}\mathrm{pF}=2.2\ \mathrm{pF}$)。

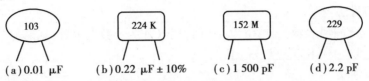

图1-2-3　数码表示法标注的电容

(3) 色码表示法

顺引线方向,第一、二色码表示电容量值的有效数字,黑、棕、红、橙、黄、绿、蓝、紫、灰、白分别代表0~9十个数字。第三色环码表示后面零的个数。色码表示的电容量单位也是 pF。图1-2-4(a)中表示 $47\times10^{3}\mathrm{pF}=0.047\ \mu\mathrm{F}$;图1-2-4(b)中表示 $15\times10^{4}\mathrm{pF}=0.15\ \mu\mathrm{F}$;图1-2-4(c)中表示 $22\times10^{3}\mathrm{pF}=0.022\ \mu\mathrm{F}$。

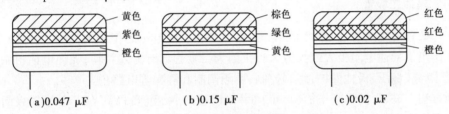

图1-2-4　色码表示法标注的电容

(4) 电容量的误差表示方法

①直接表示法。例如 $10\pm0.5\ \mathrm{pF}$,误差就是 $\pm0.5\ \mathrm{pF}$。如图1-2-2所示电容器上0.56右边的"5"表示误差为 $\pm5\%$。

②字母码表示

符号	F	G	J	K	L	M
允许误差	±1%	±2%	±5%	±10%	±15%	±20%

例如,图1-2-3所示电容中224K表示 $0.22\ \mu\mathrm{F}\pm10\%$,152M表示 $1\ 500\ \mathrm{pF}\pm20\%$。

(5) 在实际维修中,电容器的故障表现

①引脚腐蚀致断的开路故障。

②脱焊和虚焊的开路故障。

③漏液后造成容量小或开路故障。

④漏电、严重漏电和击穿故障。

1.2.3　电感

电感线圈是将绝缘的导线在绝缘的骨架上绕一定的圈数制成。直流可通过线圈,直流电阻就是导线本身的电阻,压降很小;当交流信号通过线圈时,线圈两端将会产生自感电动势,自感电动势的方向与外加电压的方向相反,阻碍交流的通过,所以电感的特性是通直流阻交流,频率越高,线圈阻抗越大。电感在电路中可与电容、电阻等组成振荡电路。电感器的标识方法有直标法、文字符号法、数码标注法及色标法等。

（1）直标法

一般都标明了单位，很容易理解和识别。

（2）文字符号法

用单位的文字符号表示，当单位为 μH 时，用 R 作为小数点位置，其他与电阻器的标注相同，如 4R7M 为 4.7 μH，R33 为 0.33 μH。

（3）数码标注法

与电阻器一样，前面的两位数为有效数，第三位数为零的个数或倍率（10^n），单位为 μH。

（4）色标法

色环电感识别方法与电阻是相同的。在色环电感中，前面两条色环代表的数为有效值，第三条色环代表的数为零的个数或倍率（10^n）。

电感的基本单位为：亨（H）换算单位有：$1\ H = 10^3\ mH = 10^6\ μH$。

1.2.4　晶体二极管

晶体二极管的主要特性是单向导电性，也就是在正向电压的作用下，导通电阻很小；而在反向电压作用下导通电阻极大或无穷大。正因为二极管具有上述特性，无绳电话机中常把它用在整流、隔离、稳压、极性保护、编码控制、调频调制和静噪等电路中。

识别方法：二极管的识别很简单，小功率二极管的 N 极（负极），在二极管外表面大多采用一种色圈标出来，有些二极管也用二极管专用符号来表示 P 极（正极）或 N 极（负极），也有采用符号标志"P""N"来确定二极管极性的。发光二极管的正负极可从引脚长短来识别，长脚为正，短脚为负。

测试注意事项：用数字式万用表测二极管时，红表笔接二极管的正极，黑表笔接二极管的负极，此时测得值是二极管的正向导通压降，这与指针式万用表测试时的判断方法是不一样的。

1.2.5　稳压二极管

稳压二极管的稳压原理：稳压二极管的特点就是反向击穿后，其两端的电压基本保持不变。这样，当把稳压管接入电路以后，若由于电源电压发生波动，或其他原因造成电路中各点电压变动时，负载两端的电压将基本保持不变。

故障特点：稳压二极管的故障主要表现在开路、短路和稳压值不稳定。在这 3 种故障中，前一种故障表现出电源电压升高；后两种故障表现为电源电压变低到零伏或输出不稳定。

1.2.6　晶体三极管

晶体三极管的特点：晶体三极管（简称三极管）是内部含有 2 个 PN 结，并且具有电流放大能力的特殊器件。它分为 NPN 型和 PNP 型，这两种类型的三极管在工作特性上可互相弥补，OTL 电路中的对管就是由 PNP 型和 NPN 型配对使用。晶体三极管主要用在放大电路中起放大作用。

1.2.7　场效应晶体管放大器

场效应晶体管具有较高输入阻抗和低噪声等优点，因而也被广泛应用于各种电子设备中。尤其是用场效管做整个电子设备的输入级，可以呈现一般晶体管很难达到的性能。

场效应管分成结型和绝缘栅型两大类,属于电压控制型半导体器件。

场效应管与晶体管的比较:

①场效应管是电压控制元件,而晶体管是电流控制元件。在只允许从信号源取较少电流的情况下,应选用场效应管;而在信号电压较低,又允许从信号源取较多电流的条件下,应选用晶体管。

②场效应管是利用多数载流子导电,所以称之为单极型器件;而晶体管是既有多数载流子,也利用少数载流子导电,被称为双极型器件。

③有些场效应管的源极和漏极可以互换使用,栅压也可正可负,灵活性比晶体管好。

④场效应管能在很小电流和很低电压的条件下工作,而且它的制造工艺可以很方便地把很多场效应管集成在一块硅片上,因此,场效应管在大规模集成电路中得到了广泛应用。

1.2.8　集成块

集成块(IC)也称集成电路,又称为集成电路,是指将很多微电子器件集成在芯片上的一种高级微电子器件。通常使用硅为基础材料,在上面通过扩散或渗透技术形成 N 型和 P 型半导体及 PN 结。

集成电路是半导体集成电路,即以半导体材料为基片,将至少有一个是有源元件的两个以上元件和部分或者全部互联线路集成在基片之中或者基片之上,以形成某种电子功能的中间产品或者最终产品。

集成器件常见的封装有扁平和双列直插两种形式,使用时必须确定器件的正方向。扁平式的正方向是以印有器件型号字样为标识,使用者观察字是正的为正方向。双列直插式是以一个凹口(或一个小圆孔)置于使用者左侧时为正方向。正方向确定后,器件的左下角为第 1脚,其余引脚从 1 号引脚开始按逆时针方向依次增加编号。需要注意的是:

①DIP 封装的器件有两列引脚,两列引脚之间的距离能够做微小改变,但引脚间距不能改变。将器件插入实验平台上的插座(面包板)或从其上拔出时要小心,不要将器件引脚弄弯或折断。

②74 系列器件一般右下角的最后一个引脚是 GND,右上角的引脚是 V_{cc}。

因此,使用集成电路器件时要先看清楚它的引脚排列图,找对电源和地的引脚,避免因接线错误而造成器件损坏。

1.2.9　LED 七段数码显示器件

由 7 个发光二极管构成七段字形,它是将电信号转换为光信号的固体显示器件,通常由磷砷化镓(GaAsP)半导体材料制成,故又称为 GaAsP 七段数码管,其最大工作电流为 10 mA或 15 mA,分共阴和共阳两类品种。常用共阴型号有 BS201、BS202、BS207、LCS011-11 等,共阳型号有 BS204、BS206、LA5011-11 等。

（1）LED 七段数码管的主要特点

①能在低电压、小电流条件下驱动发光,能与 CMOS、ITL 电路兼容。

②发光响应时间极短(<0.1 μs),高频特性好,单色性好,亮度高。

③体积小,质量轻,抗冲击性能好。

④寿命长,使用寿命在 10 万 h 以上,甚至可达 100 万 h,故成本低。

因此它被广泛用作数字仪器仪表、数控装置、计算机的数显器件。

（2）LED 七段数码管的判别方法

1）共阳共阴极好坏判别

先确定显示器的两个公共端，两者是相通的。这两端可能是两个地端（共阴极），也可能是两个 V_{CC} 端（共阳极），然后采用万用表判别普通二极管正、负极的方法，即可确定出是共阳还是共阴，好坏也随之确定。

2）字段引脚判别

将共阴显示器公共端（COM）接电源 V_{CC} 的负极，V_{CC} 正极通过 500 Ω 左右限流电阻分别接七段引脚，则根据发光情况可以判别出 a、b、c、d、e、f、g 七段。对共阳显示器，将它的公共端（COM）接电源 V_{CC} 的正极，再将 500 Ω 左右限流电阻一端接地，另一端分别接显示器各字段引脚，则七段分别发光，从而判断之。

（3）使用注意事项

①对于型号不明、又无管脚排列图的 LED 七段数码管，用数字万用表的二极管挡可完成下列工作：

a.判定数码管的结构形式（共阴或共阳）；

b.识别管脚；

c.检查全亮笔段。可预先假定某个电极为公共极，然后根据笔段发光或不发光加以验证。当笔段电极接反或公共极判断错误时，该笔段就不能发光。

②LED 七段数码管每笔画工作电流 I_{LED} 为 5~10 mA，若电流过大会损坏数码管，因此必须加限流电阻，限流电阻阻值可按下式计算：

$$R = (U_0 - U_{LED})/I_{LED}$$

其中 U_0 为加在 LED 两端电压，U_{LED} 为 LED 七段数码管每笔画压降（约 2 V）。

③检查时若发光暗淡，说明器件已老化，发光效率太低。如果显示的笔段残缺不全，说明数码管已局部损坏。

1.3　常用电子仪器

1.3.1　万用表

万用表是一种多用途、多量程的便携式仪器，它可以进行交、直流电压和电流、电阻等多种电量的测量。

万用表分为指针式模拟万用表和数字式万用表两种。下面对数字万用表进行简单介绍。

（1）使用方法

①使用前，应认真阅读使用说明书，熟悉电源开关、量程开关、插孔、特殊插口的作用。

②将电源开关置于 ON 位置。

③交直流电压的测量：根据需要将量程开关拨至 DCV（直流）或 ACV（交流）的合适量程，红表笔插入 V/Ω 孔，黑表笔插入 COM 孔，并将表笔与被测线路并联，读数即显示。

④交直流电流的测量：将量程开关拨至 DCA（直流）或 ACA（交流）的合适量程，红表笔插

入 mA 孔(<200 mA 时)或 A 孔(≥200 mA 时),黑表笔插入 COM 孔,并将万用表串联在被测电路中即可。测量直流量时,数字万用表能自动显示极性。

⑤电阻的测量:将量程开关拨至 Ω 的合适量程,红表笔插入 V/Ω 孔,黑表笔插入 COM 孔。如果被测电阻值超出所选择量程的最大值,万用表将显示"1",这时应选择更高的量程。测量晶体管、电解电容器等有极性的元器件时,必须注意表笔的极性。

⑥二极管的测量

测量二极管时,将功能开关置于"—◀—"挡,这时的显示值为二极管的正向压降;若二极管接反,则显示"1"。

⑦晶体管电流放大系数的测量

测量晶体管的电流放大系数时,由于工作电压仅为 2.8 V,测量的只是一个近似值。

(2)使用注意事项

①如果无法预先估计被测电压或电流的大小,则应先拨至最高量程挡测量一次,再视情况逐渐把量程减小到合适挡位。测量完毕,应将量程开关拨到最高电压挡,并关闭电源。

②满量程时,仪表仅在最高位显示数字"1",其他位均消失,这时应选择更高的量程。

③测量电压时,应将数字万用表与被测电路并联,测电流时应与被测电路串联。

④交流信号的测量:测量交流信号时,被测信号波形应是正弦波,频率不能超过仪表的规定值;否则将引起较大的测量误差。

⑤红黑表笔的接法:与模拟万用表不同,数字式万用表红表笔接内部电池的正极,黑表笔接内部电池的负极。

⑥禁止在测量高电压(220 V 以上)或大电流(0.5 A 以上)时换量程,以防止产生电弧,烧毁开关触点。

⑦测量电阻时,一定不要带电测量。

⑧使用完毕,将测量选择置于交流电压最大量程处,这样在下次测量时无论误测什么参数,都不会引起数字万用表的损坏。

⑨当显示电池符号时,表示电池电压低于工作电压,应及时更换电池。

1.3.2　直流稳压电源

常见的直流稳压电源分为线性直流稳压电源和开关直流稳压电源两类。线性稳压电源结构简单,纹波小;开关稳压电源效率高,成本低。串联型线性直流稳压电源,由变压器、整流滤波电路、调整电路、比较放大器、基准电路、取样电路、保护电路和辅助电源等组成。

使用注意事项:

①根据所需要的电压,先调整到所需的电压后,再接入负载。

②在使用过程中,因负载短路或过载引起保护时,应首先断开负载,待排除故障后再接入负载。

③将额定电流不等的各路电源串联使用时,输出电流为其中额定值最小一路的额定值。

④每一路电源有一个表头,在 A/V 不同状态时,分别指示本路的输出电流或者输出电压。通常放在电压指示状态。

⑤每一路输出都有红、黑两个输出端子,红端子表示"+",黑端子表示"-",面板中间带有接"大地"符号的黑端子,表示该端子接机壳,与每一路输出都没有电气联系,仅作为安

全线使用。

⑥两路电压可以串联使用,绝对不允许并联使用。电源是一种供给量仪器,因此不允许将输出端长期短路。

1.3.3 信号发生器

信号发生器是一种应用非常广泛的电子设备,可作为各种电子元器件、部件及整机测量、调试、检修时的信号源。信号发生器是可以提供方波、三角波、正弦波、斜波、脉冲波等波形的仪器,当该仪器外接计数输入时,还可作为频率计数器使用。

在使用时,它的输出端不允许短路。实验时一般用来给实验电路提供输入信号。

信号发生器中的正弦波输出信号在模拟电子技术测试中的应用十分广泛,放大器增益的测量、相位差的测量、非线性失真以及系统频率特性的测量等均需要正弦信号源。

使用时须选择所需要的信号波形种类,调节其频率和幅度。使用屏蔽线输出信号,并且屏蔽线的地线接实验电路的地端(共地)。信号发生器的输出线不能短路。

1.3.4 示波器

示波器是电子测量中一种最常用的仪器,它可以将人们无法直接看到的电信号的变化过程转换成肉眼可直接观察的波形,显示在示波器的荧光屏上,供人们观察分析。示波器具有输入阻抗高、频率响应好、灵敏度高等优点。利用示波器除了能对电信号进行定性的观察外,还可以用它来进行一些定量的测量。例如,可以用它进行电压、电流、频率、周期、相位差、幅度、脉冲宽度、上升及下降时间等的测量。

示波器种类、型号很多,功能也不同。电路电子实验中使用较多的是 20 MHz 或者40 MHz 的双踪示波器。示波器分为模拟示波器和数字示波器,现在多用数字示波器。数字示波器可以更好地观测随机性信号及周期较复杂的信号(如视频信号)。数字示波器是伴随着 A/D 转换技术及微型计算机的广泛应用而出现的一种新型示波器,数字示波器与原来的示波器从原理上讲已经大不一样了,只是为了照顾使用者的习惯,将数字化后的信号仍按原来的方式显示出来。使用 A/D 转换和显示屏自动刷新,不必依靠原来的波形重复输入刷新,可以显示非周期的波形和经常变化的波形,且容易实现数字存储波形的功能。

数字示波器的缺点主要是取样转换影响了取样速率,因此频率太快的信号不宜显示,即其带宽不如模拟式的宽。另外,其灵敏度不如模拟式的好,精度稍差。尽管如此,数字示波器以其独特的优越性日益受到人们的青睐,并逐渐流行。数字示波器还有很多优点,如可预置各组扫描速率和放大倍数,自动智能地选择最佳参数,可以与计算机、打印机联机等。

示波器的种类和型号很多,它们的性能有很大的差别。在实际测量时,要根据不同的使用目的和被测物理量的特点选择不同指标的电子示波器。

正确使用与调整示波器对于延长仪器的寿命和提高测量精度是十分重要的。示波器的正确使用方式为:

(1)聚焦与亮度的调整

在使用示波器进行测量时,要调整示波器的聚焦与亮度,使显示的扫描线尽可能细,以保证所观察的波形清晰度。

（2）**示波器的校准**

在使用示波器进行测量时,应注意示波器 Y 通道的衰减器调节旋钮,扫描时间调节旋钮必须处于校准状态,只有这样测得的值才是准确的。

（3）**示波器探头的正确使用**

探头是示波器的重要部件,其质量的好坏直接影响示波器的测量准确度。质量优良的探头其电容必须是超高频、低损耗的优质无感电容;电阻必须是高稳定、低温漂、高频无感电阻;探头的电缆必须是精心设计与制造的专用电缆。因此当使用示波器进行测量时,应该选择质量优良的探头,最好用示波器的原配探头。

当使用探头进行测量时,其衰减器是选择"×10"挡还是选择"×1"挡,需根据被测电路与被测信号的具体情况而定。若被测点是高阻节点,或被测信号频率较高,则应选择"×10"挡进行测量,否则会使测量产生较大的误差。如果被测点为低阻节点,信号频率较低,则应选择"×1"挡进行测量。当然,信号幅度过小时应选择"×1"挡。在使用探头"×10"挡进行测量前,应检查探头是否处于最佳补偿状态。必要时可调整探头上的微调电容,以免出现过补偿或欠补偿的情况,影响测量结果。

（4）**触发状态的正确调整**

调整触发状态就是合理地选择触发源和触发耦合方式。操作者应仔细调整触发电平,使示波器处于正常触发状态,以得到稳定的波形。当选择触发源时,如果所观察的信号是单通道信号,就选择该通道信号作为触发源;如果观察两个时间相关的波形,应将信号周期长的那个通道作为触发源。

要根据被观察信号的特性来选择触发耦合方式。一般情况下,若被观察的信号为脉冲信号,应选择直流耦合方式;如果被观察的信号为正弦交流信号,则可选择交流耦合方式;如果被观察的信号为带有高频噪声的交流信号,应选择高频抑制的耦合方式。

（5）**输入耦合方式**

输入耦合方式有 3 种:交流(AC)、地(GND)、直流(DC)。当选择"地"时,扫描线显示出"示波器地"在荧光屏上的位置。直流耦合用于测定信号直流绝对值和观测极低频信号。交流耦合用于观测交流和含有直流成分的交流信号。在电路电子实验中,一般选择"直流"方式,以便观测信号的绝对电压值。

（6）**波形位置和大小调整**

调整示波器的位移旋钮,使波形尽量处于示波器屏幕中心的位置,以获得较好的测量范围。正确调整电压因数灵敏度旋钮,尽可能使波形幅度占示波器屏幕的一半以上,以提高电压幅度的测量精度。正确调整时间因数灵敏度旋钮,以便能够在示波器屏幕上看到一个或几个完整的波形周期,波形不要过密,以保证波形周期的测量精度。

1.3.5　交流毫伏表

交流毫伏表是一种可以测量正弦波电压有效值的电压表,它具有输入阻抗高、测量频率范围宽、测量电压范围大、灵敏度高等优点。

交流毫伏表的使用方法为:

①通电前应检查表头指针是否指在零点,若有偏差,可进行机械调零(机械零点不需要经常调整)。

②通电后应调电气零点。方法是将输入线的两端合在一起,如表针不指在零点,则调零旋钮,使指针指在零点。

③根据被测电压的大小,选择适当的测量范围。若不知被测电压的可能范围,应将测量范围置最大挡,然后逐渐减小,直至指针偏转至满量程的1/2以上。

④连接测试线时,毫伏表的接地线(一般为黑夹子)应与被测电路的公共地端相连。测量时,应先接上地线,然后连接另一端。测量完毕时,应先断开信号端,后断开接地端,以免因感应电压过大而损坏仪表。

⑤小信号测量时,先把量程置于较大挡,接好线后,再调至适当位置。

⑥正确读数。应待指针稳定后两眼正对指针来读数,如刻度盘带有反光镜时,应使眼睛、指针和指针在镜内的影像成为一条直线后再读取。

⑦读取毫伏表读数时,要根据所选择的量程来确定从哪一条刻度线读数。

⑧当仪表输入端开路时,由于外界信号可能使指针偏转超过量程而损坏表头,测量完毕时,应将量程开关置于最大量程。

1.3.6 数字电路实验箱

电平开关:实验箱内有15个乒乓开关,可以提供0、1电平。向上拨输出高电平,向下拨输出低电平。

0、1显示器:实验箱内有15个0、1显示器,可用来测试电路输出状态,当输出为高电平时灯亮,当输出为低电平时灯灭。

数码管:实验箱内共有4个数码管,其对应的输入端为8421码的数据线,分别为D、C、B、A;数码管为共阴极,对应的公共端接地,用D、C、B、A进行编码,得到从"0~9"的显示。

脉冲源:实验箱内有单次脉冲源和连续脉冲源,单次脉冲源输出端有正脉冲和负脉冲,当按下正脉冲相应按键时,正脉冲输出由低变高;当按下负脉冲相应按键时,负脉冲输出由高变低。连续脉冲可通过波段开关大范围选择频率,用电位器可以微调频率。

电源:分别有±5 V,±15 V两组直流电源输出。

其他:实验箱内还有蜂鸣器、逻辑笔等。

1.4 电子电路的设计、调试与故障检测

电子电路设计是综合运用电子技术理论知识的过程,必须从实际出发,通过调查研究、查阅有关资料、方案比较及确定、设计计算参数以及选取元器件等环节,设计出一个符合实际需要、性能和经济指标良好的电路。由于电子元器件参数的离散性,加之设计者缺乏经验,设计出来的电路,在理论上可能存在许多问题,这就要求通过实验、调试来发现和纠正设计中存在的问题,使设计方案逐步完善,以达到设计要求。

模拟电路的设计,首先要根据电路的实际要求,拟定出切实可行的总体方案。在确定方案的过程中,应当反复研究设计要求、性能指标,然后根据确定的方案划分成若干个单元电路,并对各单元电路进行初步的设计,包括电路形式的确定、参数的计算、元器件的选用等。最后将设计好的各单元电路连接在一起,画出一个符合要求的完整电路。

1.4.1　模拟电子电路的设计方法

(1) 总体方案的确定

总体方案就是根据实际问题的要求和性能指标把要完成的任务分配给若干单元电路,并画出一个能反映出各单元功能的整体原理框图。这种框图不必太详细,将总体的原理反映清楚即可,必要时可加简要的文字说明。

例如在模拟电路中经常采用的多级放大电路,其一般可分为输入级、中间级和输出级 3 个部分,如图 1-4-1 所示。在确定总体方案时,要根据放大器的增益、输入电阻、输出电阻、通频带和噪声系数等性能指标要求来确定电路结构。

图 1-4-1　多级放大电路的组成框图

对输入级,首先应考虑其输入电阻必须与信号源内阻相适应,根据信号源的特点来确定电路的形式。同时由于输入级的噪声会对整个电路产生很大影响,因此要求其噪声系数小。对中间级,主要是提高电压增益,当要求增益较高时,一级放大器难以满足要求,可由若干级组成。在确定总体方案时,就要根据总的增益要求来确定其级数。输出级主要是向负载提供足够的功率,因此要求其具有一定的动态范围和负载能力,应根据负载情况来确定电路的形式。为了改善放大器的性能,使之达到实际要求,在总体方案确定时还应考虑电路中采用何种类型的负反馈。

由于符合要求的总体方案可能有多种,设计时要根据自己的实际经验,参阅有关资料,对各种方案的优、缺点和可行性进行反复的比较,最后选择出功能全、运行可靠、简单经济、技术先进的最佳设计方案。

(2) 单元电路设计

一个复杂的电子电路,一般都由若干个单元电路组合而成。对单元电路进行设计,实际上是把复杂的任务简单化,这样便可利用学过的基本知识来完成较复杂的设计任务。只有各单元电路的设计合理,才能保证整体电路设计的质量。

在单元电路设计前,首先应根据各单元应完成的任务,拟定出各单元电路的性能指标,并选择电路的基本结构形式。一般情况下可在保证电路性能指标的前提下,采用典型电路或参考较成熟的常用电路,但设计者要敢于探索、勇于创新,使所设计的电路有所改进。

在每个单元电路的设计过程中,不仅要注意本单元电路的合理性,还应考虑各单元之间的相互影响,前后之间要互相配合,同时注意各部分输入信号和输出信号之间的关系。

(3) 电路参数计算

在电路基本形式确定之后,便可根据性能指标要求,运用模拟电路的理论知识,对各单元电路的有关元器件参数进行分析计算。例如放大电路,应根据增益或输出电压、输入电阻、输出电阻、通频带、失真度和稳定性等指标,计算电源电压、各电阻的阻值和功率、各电容的容量及工作电压等参数。

在进行元件参数计算时,应在正确理解电路原理的基础上,正确运用计算公式,有的可采用近似计算公式。对计算结果还要善于分析,并进行必要的处理,然后确定元器件的有关参数。一般来说,对元器件的工作电流、工作电压、功耗和频率等参数,必须满足电路设计指标的要求,对元器件的极限参数应留有足够的富余量。对电阻、电容的参数,应取与计算值相近的标称值。

(4)元器件的选择

电子电路的设计过程,实际上就是选择最合适的元器件,用最合理的电路形式把它们组合起来,以实现要求的功能。实践证明,电子电路的各种故障,往往以元器件的故障、损坏形式表现出来。究其原因,并非都是元器件本身缺陷所造成的,而是由于对元器件的选用不当所致。因此,在进行电路总体方案设计和单元电路的参数计算时,都应考虑如何选择元器件的问题。

一般来说,选择元器件应考虑两个方面的问题。

①从具体问题和电路的总体方案出发,确定需要哪些元器件,每个元器件应具备哪些功能。在单元电路的参数计算时,应根据电路指标要求、工作环境等,确定所选元器件参数的额定值,并留有足够的富余量,使其在低于额定值的条件下工作。

②在保证满足电路设计指标要求的前提下,尽可能减少元器件的品种和规格,以提高它们的复用率。要在仔细分析比较同类元器件在品种、规格、型号和制造厂商之间的差异后,选用产品便于安装、货源充足、价格低廉、信誉好、产品质量高的制造厂生产的元器件。

(5)电路图的画法

各单元电路设计完毕之后,应画出总电路图,以便为电路的组装调试和维修提供依据。

电路图在绘制过程中应注意以下几点:

①电路图的总体安排要合理,图面必须紧凑而清晰,元器件的排列必须均匀,连线画成水平线或竖线。在折弯处要画成直角,而不要画成斜线或曲线。两条连线相交时,如果两线在电器上是相通的,则要在两线的交点处打上节点。

②电路图中的所有元器件的图形符号必须使用国家统一的标准符号。各种符号在同一种图上的大小要比例合适,同一种符号的大小要尽量一致。元器件图形符号的排列方向与图纸的底边平行或垂直,尽量避免使用斜线排列。

③图中的每个元器件注明其文字符号和主要的参数。中、大规模电路在电路图中一般只用方框表示,但方框中应标明其型号,方框边线的两侧标出管脚编号及其功能名称。

④电路图中的信号流向,一般从输入端或信号源画起,自左至右,自下而上,按信号的流向画出每个单元电路,而且尽量画在同一张图上。如果电路比较复杂,也可分画成几张图,但应把主电路图画在同一张图纸上,把一些相对独立或次要的部分画在另外的图纸上,并用适当的方式说明各图纸在电路连线之间的关系。例如在图纸的断口处做上标记,标明连线代号,并标出信号从一张图纸到另一张图纸的引出点和引入点。

⑤电路图画好后要仔细检查有无错误,特别是二极管的方向,有极电容器的极性和电源的极性等容易发生错误的地方更要认真检查。

1.4.2　模拟电子电路的安装

电子电路设计完成后,要安装成实验电路,以便对理论设计做出检验,如不能达到要求,还需对原实验方案进行修改。使之达到实验要求,更加完善。初学者由于没有经验,更须经过多次的实验和修改,才能使设计方案符合实际需要。实践证明,一个理论设计十分合理的电子电路,由于电路安装不当,将会严重影响电路的性能,甚至使电路根本无法工作。因此,电子电路的结构布局,元器件的安排布置,线路的走向及连接线路的可靠性等实际安装技术,是完成电子电路设计的重要的环节。作为实验和课程设计,一般采用在电路板上焊接或在面包板上插接的方法安装电子电路。下面介绍电子电路安装的一些基本知识。

(1)整体结构布局和元器件的安置

在电子电路安装过程中,整体结构布局和元器件的安置,首先应考虑电气性能上的合理性,其次要尽可能注意整齐美观,具体注意以下几点。

①整体结构布局要合理,要根据电路板的面积,合理布置元器件的密度。当电路较复杂时,可由几块电路板组成,相互之间再用连线或电路板插座连成整体。要充分利用每块电路板的使用面积,并尽量缩短相互间的连线。因此,最好按电路功能的不同分配电路板。

②元器件的安置要便于调试、测量和更换。电路图中相邻的元器件,在安装时原则上应就近安置。不同级的元器件不要混在一起,输入级和输出级之间不能靠近,以免引起级与级之间的寄生耦合,使干扰和噪声增大,甚至产生寄生振荡。

③对有磁场产生相互影响和干扰的元器件,应尽可能分开或采取自身屏蔽。如有输入变压器和输出变压器时,应将二者相互垂直安装。

④发热元器件(如功率管)的安置要尽可能靠电路板的边缘,有利于散热,必要时需加装散热器。为保证电路稳定工作,晶体管、热敏器件等对温度敏感的元器件要尽量远离发热元器件。

⑤元器件的标志(如型号和参数)安装时一律向外,以便检查。元器件在电路板上的安装方向原则上应横平竖直。查接集成电路时首先要认清管脚排列的方向,所有集成电路的插入方向应保持一致,集成电路上有缺口或小孔标记的一端一般在左侧。

⑥元器件的安置还应注意中心平衡和稳定,对较重的元器件安装时,高度要尽量降低,使中心贴近电路板。各种可调的元器件应安置在便于调整的位置。

(2)正确布线

电子电路布线是否合理,不仅影响其外观,而且也是影响电子电路性能的重要因素之一。电路中(特别是较高频率的电路)常见的自激振荡,往往就是因布线不合理所致。因此,为了保证电路工作的稳定性,电路在安装时的布线应注意以下几点:

①所有布线应直线排列,并做到横平竖直,以减小分布参数对电路的影响。走线要尽可能短,信号线不可迂回,尽量不要形成闭合回路。信号线之间、信号线与电源线之间不要平行,以防因寄生耦合而引起电路自激。

②布线应贴近电路板,不应悬空,更不要跨接在元器件上面,走线之间应避免相互重叠,电源线不要紧靠有源器件的引脚,以免测量时不小心造成短路。

③为使布线整洁美观,并便于测量和检查,要尽可能选用不同颜色的导线。电源线的正、负极和地线的颜色应有规律,通常用红色线接电源正极,黑色或蓝色线接负极,地线一般用黑色线。

④布线时一般先布置电源线和地线,再布置信号线。布线时要根据电路原理图或装配图,从输入级到输出级布线,切忌东接一根、西接一根没有规律,这样容易形成错线和漏线。

⑤地线(公共端)是所有信号共同使用的通路,一般地线较长,为了减小信号通过公共阻抗的耦合,地线要求选用较粗的导线。对于高频信号,输出级与输入级不允许共用一条地线,在多级放大电路中,各放大级的接地元件应尽量采用同一接地的方式。各种高频和低频去耦

电容器的接地端,应尽量远离输入级的接地点。

(3)电路板的焊接

电子电路性能的好坏,不但与电路的设计、元器件的质量有关,还与电路的装接质量有关。在电路板上焊接电子元器件,是装接电子电路常用的方法。装接质量不仅取决于焊接工具和焊料,还取决于焊接技术。

焊接工艺将直接影响焊接质量,从而影响电子电路的整体性能,对初学者来说,首先要求焊接牢固,一定不能有虚焊,因为虚焊会给电路造成严重的隐患,给检修工作带来极大的麻烦。其次,作为一个高质量的焊点要求光亮、圆滑、焊点大小适中。下面介绍锡焊操作中的基本要领。

1)净化焊件表面

由于焊锡不能润湿金属氧化物,因此,电子元器件和导线在焊接前都必须将表面刮净(镀金和镀银等焊件不必刮),使金属呈现光泽,并及时搪锡。净化后的焊件不可用手触摸,以免焊件重新被氧化。

2)控制焊接时间和温度

由于不同的焊件有不同的导热率,因此,可焊性也不一样,在焊接时应根据不同的焊接对象,控制焊接的时间,从而控制焊点的温度。焊接时间太短,温度不够,焊锡沾不上或呈"豆腐渣"状,这样极易形成虚焊。反之,焊接时间过长,温度过高,不仅会使焊剂失效,焊点不易存锡,而且会造成焊锡流出,引起电路短路,甚至烫坏元器件。

3)掌握焊锡用量

焊锡太少,焊点不牢。但用量过多,将在焊点上形成焊锡的过多堆积,这不仅有损美观,也容易形成假焊或造成电路短路。因此,在焊接时烙铁头上的沾锡多少要根据焊点大小来决定,一般以能包住被焊物体并形成一个圆滑的焊点为宜。

4)掌握正确的焊接方法

焊接时,待电烙铁加热后,在烙铁头的刃口处沾上适量的焊锡,放在被焊物件的位置,并保持一定的角度,当形成焊点后电烙铁要迅速离开。焊接时必须扶稳焊件,在焊锡未凝固前不得晃动焊件,以免形成虚焊,当焊接怕热元器件时,可用镊子夹住其引线帮助散热。焊接完毕后需认真检查焊点,以确保焊接质量。

1.4.3　模拟电子电路的调试

电子电路的调试是电子电路设计中的重要内容,它包括电子电路的测试和调整两个方面。测试是对已经安装完成的电路进行参数及工作状态的测量,调整是在测量的基础上对电路元器件的参数进行必要的修正,使电路的各项性能指标达到设计要求。电子电路的调试通常用两种方法。

第一种为分块调试法,这是采用边安装边调试的方法。由于电子电路一般都由若干个单元电路组成。因此,把一个复杂的电路按原理图上的功能分成若干个单元电路,分别进行安装和调试。在完成各单元电路调试的基础上,扩大安装和调试的范围,最后完成整机的调试。采用这种方法既便于调试,又能及时发现和解决存在的问题。对新设计的电路而言,这是一种常用的方法。

第二种为统一调试法,这是在整个电路安装完成后,进行一次性的统一调试。这种方法一般适用于简单电路或已定型的产品。

上述两种方法的调试步骤基本一致,具体介绍如下:

(1) 通电前的检查

电路安装好后,必须在没有接通电源的情况下,对电路进行认真细致的检查,以便发现并纠正电路在安装过程中的疏漏和错误,避免在电路通电后发生不必要的故障,甚至损坏元件。主要内容有:

1) 检查元器件

检查电路中各个元器件的参数是否符合设计要求。这时可对照原理图或装配图进行检查。在检查时还要注意各元器件引脚之间有无短路,连接处的接触是否良好。特别注意集成芯片的方向和引脚、二极管管脚、二极管的方向和电解电容器的极性等是否连接正确。

2) 检查连线

电路连线的错误是造成电路故障的主要原因之一。因此,在通电前必须检查所有连线是否正确,包括错线、多线和少线等,查线过程中还要注意各连线的接触点是否良好。在有焊接的地方应检查焊点是否牢固。

3) 检查电源进线

在检查电源的进线时,先查看一下线的正、负极性是否接对。然后用万用表测量进线之间有无短路现象,再检查两进线间有无开路现象。若电源进线之间有短路或开路现象时,不能接通电源,必须排除故障后才能通电。

(2) 通电检查

在上述检查无误后,根据设计要求,将电源接入电路。电源接通后不应急于测量数据或观察结果,而应首先观察电路中有无异常现象。如有无冒烟,是否闻到异味等异常现象,若有异常,则应立即断开电源,重新检查电路并找出原因,待故障排除后方可重新接通电源。

(3) 静态调试

静态调试是在电路接通电源而没有接入外加信号的情况下,对电路直流工作状态进行的测量和调试。如在模拟电路中,对各级晶体管的静态工作点进行测量,三极管 U_{BE} 和 U_{CE} 值是否正常,如果 $U_{BE}=0$ 说明管子截止或者已损坏,$U_{CE}\approx0$ 说明管子饱和或已损坏。对于集成运算放大器则应测量各有关管脚的直流电位是否符合设计要求。

对于数字电路,就是在输入端加固定电平时,测量电路中各点电位值与设计值相比较有无超出允许范围,各部分的逻辑关系是否正确。

通过静态调试可以判断电路的工作是否正常。如果工作状态不符合要求,则应及时调整电路参数,直至各测量值符合要求为止。如果发现有损坏的元器件,应及时更换,并分析原因,进行处理。

(4) 动态调试

电路经过静态调试并已达到设计要求后,便可在输入端接入信号进行动态调试。对模拟电路一般应按照信号的流向,从输入级开始逐级向后进行调试。当输入端加入适当频率和幅度的信号后,各级的输出端都应该有相应的信号输出。这时应测出各有关点输出(或输入)信号的波形形状、幅度、频率和相位关系,并根据测量结果估算电路的性能指标,凡达不到设计要求的,应对电路有关参数进行调整,使之达到要求。若调试过程中发现电路工作不正常时,应立即切断电源和输入信号,找出原因并排除故障再进行动态调试。经过初步动态调试后,如果电路性能已基本达到设计指标要求,便可进行电路性能指标的全面测量。

对于数字电路的动态调试,一般应先调整好振荡电路,以便为整个数字系统提供标准的时钟信号。然后再分别调试控制电路、信号处理电路、输入输出电路及各种执行机构。在调试过程中要注意各部分电路的逻辑关系、时序关系,应该对照设计时的时序图,检查各个点的波形是否正常。

必须指出的是,掌握正确的调试方法,不仅可以提高电路的调试效果,缩短调试的过程,还可以保证电路的各项性能指标达到设计要求。因此,在调试时应注意以下几点。

①在进行电路调试前,应在设计的电路原理图上或装配图上标明主要测试点的电位值及相应的波形图,以便在调试时做到心中有数,有的放矢。

②调试前先要熟悉有关测试仪器的使用方法、注意事项,检查仪器的性能是否良好。有的仪器在使用前需要进行必要的校正,避免在测量过程中由于仪器使用不当,或仪器的性能达不到要求而造成测量结果的误差,甚至得出错误的结果。

③测量仪器的地线(公共端)应和被测电路的地线连接在一起,使之形成一个公共的电位参考点,这样测量的结果才是正确的。测量交流信号的测试线应使用屏蔽线,并将屏蔽线的屏蔽层接到被测电路的地线上,这样可以避免干扰,以保证测量的准确。在信号频率比较高时,还应采用带探头的测试线,以减小分布电容的影响。

④在电路调试过程中,要保持良好的心理状态,出现故障或异常现象时不要手忙脚乱草率从事。而要切断电源,认真查找原因,以确定是原理上的问题还是安装中的问题。不可一遇到问题就拆掉线路重新安装。

⑤在调试电路过程中要有严谨的科学作风、实事求是的态度,不能凭主观感觉和印象,而应始终借助仪器进行仔细的测量和观察,做到边测量、边记录、边分析、边解决问题。

(5)调试中的注意事项

调试结果是否正确,很大程度上受测量正确与否和测量精度的影响。为了保证调试的效果,必须减小测量误差,提高测量精度。因此,需要注意以下几点:

1)仪器与实验电路的接地端须连在一起

在实验调试中,所有测试仪器的接地端应与实验电路的接地端连接在一起,否则引入的干扰不仅会使实验电路的工作状态发生变化,而且会使测量结果出现误差。

2)所用测量仪器的输入阻抗必须远大于被测电路两端的等效输入阻抗

测量仪器的输入阻抗如果接近或小于被测电路的输入阻抗,则由于测量仪器等效阻抗的并联效应(即分流作用),将影响电路的原工作状态,以致造成测量误差。

3)测量仪器的带宽必须大于被测电路的带宽

如果被测电路的上、下限频率已超出测量仪器的带宽范围,就不能使用该仪器来测量幅频特性,否则,测试结果不能正确反映被测电路的真实情况。

4)正确选择测试点

测量过程中,能否正确选择测试点将直接影响测量误差,甚至影响实验结果的正确性。选择测试点时要考虑测试点对地的阻抗和万用表的输入阻抗,避免测量误差。

5)用间接测量法简化测量操作

测试时,对于电流的测量常采用间接测量法,即测出该支路电阻的端电压,然后经过换算求得电流值。这样做的好处是操作方便,同时可避免因反复拆装线路而导致电路故障。

1.4.4　电子电路常见故障、产生原因及故障检测

(1) 直流电路常见故障及产生原因

直流电源是电子电路工作的动力,直流供电不正常,电子电路肯定不能正常工作;对于大功率电路,因为消耗能量多,所以发热量大,供电异常极容易损坏大功率器件。因此查找故障首先从直流供电电路入手。

直流电路常见故障有电压、电流过大或过低。除电源本身的原因外,主要是电路直流通道不正常引起的,其中包括供电回路中的去耦电阻和滤波电容设置不当,晶体管电路中的偏置电阻、负载电阻、耦合电容、旁路电容有问题等。一般情况是电阻发生断路、电容漏电或短路、晶体管损坏、接线错误造成电路中有短路或断路现象。

(2) 交流电路故障及产生原因

电子电路中交流电路的故障最容易发生,也是最复杂的,查找这类故障难度更大。下面介绍几种常见故障的查找思路。

1) 有输入信号,无信号输出

在排除直流故障后,这种现象常常是电路中的耦合元件不正常引起的,如电感、电容开路或旁路电容短路等。晶体管损坏也是一个原因,但这类故障在直流检查过程中很容易被发现。

2) 无输入信号,有信号输出(振荡电路除外)

这种故障极有可能是电路产生了自激振荡,这是多级放大器和深度负反馈放大器最容易出现的故障之一。判别的方法是用示波器观察其输出信号的波形。一般电路自激产生的信号输出幅度较大,并伴有波形失真,其频率常在电路的通频带之外;极低频率的自激振荡(又称汽船声)主要是供电电源内阻太大或极间去耦不良引起的;高频自激多是分布参数引起的,如晶体管的极间电容、元件布置不合理、电路屏蔽不好、接地不良等。集成运算放大器开环应用时最容易产生自激,应予以足够的重视。

3) 输出信号幅度太小或太大

在电路输入端加上测试信号后,观察电路中各点的信号幅度和波形是检查交流故障的有效方法。根据设计要求,电路各级的放大量就决定了各级输出幅度的大小。如果出现输出幅度异常,肯定要检查影响各级放大量的因素,如晶体臂的电流放大系数、级间耦合电路的衰减量、负载匹配的程度、调谐回路的谐振频率、负反馈系数等。这要根据现象和电路原理等具体情况深入进行分析,才能找到故障原因。

4) 输出信号波形严重失真

晶体管本质上是一个非线性元件,用它来作线性放大器是利用其特性曲线的近似线性部分,这是依靠其静态工作点来控制的。如果输出信号波形严重失真,首先就要检查晶体管静态工作点是否正确,在对称性的电路中要检查晶体管的参数是否对称,元件参数是否对称等。此外,如果电路的放大倍数或反馈系数变化很大,也会引起波形失真,不过这种故障与输出信号幅度变化是同时出现的。

5) 噪声问题

噪声的来源很多,一般分为两大类。一类来自电路内部,主要是晶体管、电阻器等产生的热噪声,电源滤波不良产生的低频噪声,高频元件屏蔽不良引起的互相干扰,电路接地不良

等。另一类是外部干扰引起的噪声,尤其是高输入阻抗、高灵敏度电路最易受外界的干扰,对这种电路应考虑采取严密的屏蔽措施。

电源变压器在电子电路中是一个主要的噪声源,因此对电源变压器应采取严格的隔离和屏蔽措施。

6)振荡电路不起振

振荡电路是采用正反馈的电子电路,起振条件包括相位条件和振幅条件。正反馈的相位条件在设计电路时就决定好了,一般不会有问题,只是在变压器反馈的电路中,反馈线圈的极性有可能接错。对此,在调试时反接一下就可以检验。振幅条件是由放大器的放大倍数来决定的,在设计时应该留有较大的余量或有调节措施,通常是调节晶体管工作点或负反馈系数来满足起振条件。

7)在数字逻辑电路实验中,出现的问题(故障)一般由 3 方面的原因引起:器件故障、接线错误、设计错误。

①器件故障

器件故障是器件失效或接插问题引起的故障,表现为器件工作不正常,这需要更换一个好的器件;器件接插问题,如管脚折断或器件的某个(或某些)引脚没有插到插座中等,也会使器件工作不正常;对于器件接插错误有时不易发现,需要仔细检查。判断器件失效的方法是用集成电路测试仪测试器件。需要指出的是,一般的集成电路测试仪只能检测器件的某些静态特性,对负载能力等静态特性和上升沿、下降沿、延迟时间等动态特性,一般的集成电路测试仪不能测试,测试器件的这些参数,须使用专门的集成电路测试仪。

②接线错误

在教学实验中,最常见接线错误有漏线错误和布线错误。漏线的现象主要是未连接电源线,地、电路输入端悬空。悬空的输入端可用三状态逻辑笔或电压表检测。一个理想的 TTL 电路逻辑"0"电平为 0.2 ~ 0.4 V,逻辑"1"电平为 2.4 ~ 3.6 V,而悬空点的电平为 1.2 ~ 1.8 V。CMOS 的逻辑电平等于实际使用的电源电压和地线。接线错误会使器件(不包括 OC 门和 OD 门)的输出端之间短路。两个具有相反电平的 TTL 集成电路输出端,如果短路将会产生大约 0.6 V 的输出电压。

③设计错误

设计错误会造成与预想不一致的结果,原因是所用器件的原理没有掌握。在集成逻辑电路实际应用中,不用的输入端是不允许悬空的。因为由于电磁感应,悬空的输入端易受到干扰产生噪声,而这种噪声有可能被逻辑门当作输入逻辑信号,从而产生错误输出信号。因此,常把不用的输入端与有用的输入端连接到一起,或根据器件类型,把它们接到高电平或低电平。在带有触发器的电路中,未能正确处理边沿转换时间和激励信号变化时间之间的关系,也会造成错误。

(3)故障检查的方法

模拟电路的故障检查一般是从观察现象入手,然后根据电路原理进行综合分析,采用各种测试手段查找故障原因。基本方法是从直流到交流,从整体到局部,从现象到本质逐步深入,直到最后找出故障原因并进行处理。

1)直流故障检查

检查直流电路故障有两种情况。一种是新装配的电路,首先要检查是否存在直流电路故障;另一种情况是已经工作的电路出现了故障,要从直流电路方面检查其原因。这两种情况下的检查方法是不同的。

对于新装配好的电子装置,通电工作前应检查直流电路是否存在故障。一般是用万用表欧姆挡检查支流电源两端是否有短路,晶体管极间是否有短路,电容两端是否有短路,集成电路各电极间是否有短路,输入电路与输出电路间是否有短路,电阻、电感是否有开路,焊接接点是否有开路或接触不良等。

已经工作的电路出现了故障,如果故障与直流电路有关,其检查方法通常是测量供电电源和晶体管的工作点,然后进行分析判断。

2) 交流故障检查

在排除直流故障之后,检查交流故障的主要方法有:信号寻迹法、对比法、替代法和开环法。

①信号寻迹法。在电路输入端加上测试信号,用示波器或毫伏表逐级检查各级的输出信号,哪级输出信号不正常,故障就出在哪一级,这样可以很快缩小故障检查范围,然后再根据故障现象的性质深入检查具体故障。

②对比法。在确定了故障的大致范围后,深入检查具体故障时可以采用对比法,即将正常电路的参数(如放大倍数、频响特性、波形等)与故障电路的参数进行比较,这样容易判断故障的性质。如放大倍数变小,很可能是工作点发生变化或晶体管参数(β)变小了,也可能是反馈电路元件参数变化所致。如果是频响变化,则很可能是耦合电容和旁路电容变质,高频频响变化则与高频补偿电路或电路分布参数有关。

③替代法。在具体检查元器件的质量好坏时,如果电路不易测试,则可采用替代法,即用一个质量好的元件去代替原电路上的元件。这种方法由于要将旧元件取下来和新元件安装上去,工作量较大,一般是应有一定把握时才这样做,否则会劳而无功,甚至在焊接过程中损坏元器件,特别是集成电路更应慎重行事。

④开环法。具有反馈环路的复杂电路,如果出现故障,按一般检查方法不容易找到故障具体位置,尤其是有直流反馈环路的电路,只要其中一个元件有故障,整个环路的工作状态都会不正常,这时就需要将反馈环断开,然后按一般电路进行检查。找出故障并处理好之后再恢复环路工作。

在实际工作中,故障现象千变万化,而且时常是多种故障同时存在,因此分析检查都会困难得多。除了以上各种方法相互配合灵活使用外,工作经验的积累也非常重要,所以要多参加实践才能学到真正的知识。

3) 干扰、噪声抑制和自激振荡的消除

放大器输入端短路,在放大器输出端仍可测量到一定的噪声和干扰电压。其频率如果是 50 Hz(或 100 Hz),一般称为 50 Hz 交流声。有时是非周期性的,没有一定规律。50 Hz 交流声大都来自电源变压器或交流电源线,100 Hz 交流声往往是由整流滤波不良造成的。另外,由电路周围的电磁波干扰信号引起的干扰电压也是常见的。由于放大器的放大倍数很高(特别是多级放大器),只要在它的前级引进一点微弱的干扰,经过几级放大,在输出端就可能产生一个很大的干扰电压。还有,电路中的地线接得不合理,也会引起干扰。

抑制干扰和噪声的措施有以下几种:选用低噪声的元器件、合理布线、屏蔽、滤波、选择合理的接地点等。

自激振荡的消除:高频振荡主要由安装、布线不合理引起。例如输入和输出线靠得太近,产生正反馈作用。对此应从安装工艺方面解决,如元件布置紧凑,接线要短等。也可以用一个小电容(例如:1 000 pF 左右)一端接地,另一端逐级接触管子的输入端,或电路中合适部位,找到抑制振荡的最灵敏点(即电容接此点时,自激振荡消失),除此处外接一个合适的电阻电容或单一电容(一般 100 pF~0.1 μF,由试验决定),进行高频滤波或负反馈,以降低放大器电路对高频信号的放大倍数或移动高频电压的相位,从而抑制高频振荡。

低频振荡由各级放大器共用一个直流电源引起。因为电源有一定的内阻,特别是电池用的时间过长或稳压电源质量不高,使得内阻比较大时,会引起后级 U_{CC} 处电位的波动,后级 U_{CC} 处电位的波动作用到前级,使前级输出电压相应变化,经放大后,使波动更厉害,如此循环,就会造成振荡现象。最常用的消除办法是在放大电路各级之间加上"去耦电阻"R 和 C,从电源方面使前后级减小相互影响。去耦电阻 R 的值一般为几百欧姆,电容 C 选几十微法或更大。

数字电路实验中发现结果与预期不一致时,应仔细观测现象,冷静分析问题。首先检查仪器、仪表的使用是否正确。在正确使用仪器、仪表的前提下,按逻辑图和接线图查找问题出处。查找与纠错是综合分析、仔细推究的过程,有多种方法,但以"二分法"查错速度较快。所谓"二分法"是将所设计的逻辑电路从起先信号输入端到电路最终信号输出端之间的电路一分为二,在中间找到切入点,断开后半部分电路,对前半部分电路进行分析、测试,确定前半部分电路是否正确;如前半部分电路不正确,将前半部分电路再一分为二,以此类推,只要认真分析、仔细查找,就能找出问题所在。

1.5 Multisim 仿真软件介绍

1.5.1 简述

随着现代电子技术和计算机技术的不断进步和发展,电子电路的计算机辅助设计(EDA)得到了广泛的普及。EDA 技术借助于计算机强大的功能,使得电子电路的设计、性能指标的分析及仿真等烦琐的任务变得简单。

应用于 EDA 技术的仿真软件很多,其中比较著名的有美国国家仪器有限公司(National Instruments)发布的 NI Multisim 系列仿真软件。该软件在电子设计仿真领域应用广泛,被誉为"计算机里的电子实验室"。

Multisim 是早期著名的 Electronic Workbench(EWB)的升级换代产品。Multisim 提供了强大的电子仿真设计界面,不仅能够进行普通模拟、数字电路的仿真,还能进行射频、VHDL、MCU、PLC 等技术的仿真。Multisim 提供了更为方便的电路原理图设计与各类元器件库的管理。更重要的是 Multisim 可以结合能够进行 PCB 电路板设计的 Ultiboard 来完成原理图设计、电路功能仿真、印刷电路板设计的完整电子电路设计,从而使得工程师可以进行更为高效的电子电路设计。另外 Multisim 电路仿真设计软件还可以和 LabVIEW 测量软件相集成,需要设计制作 PCB 的工程师可以方便地对比电路的真实运行参数和仿真出来的模拟参数,规避设计上的失误,减少原型电路的错误,缩短产品的上市时间。

1.5.2 Multisim 的特点

Multisim 提供了良好的操作界面,绝大部分操作通过鼠标的拖放即可完成,十分方便、直观。

Multisim 提供了一个非常强大的元器件数据库,数量众多,共计千种。大多数元器件均提供虚拟和封装两种形式,这就给电路原理的应用带来了便利。另外,根据需要可方便地新建或扩建元器件库,也可通过 Internet 更新。

Multisim 所提供的测量精度很高,其外观、面板布置以及操作方法与实际仪器均十分接近,便于掌握。

Multisim 提供了强大的分析功能,包括交流分析、直流分析、温度扫描分析、噪声分析、蒙特卡罗分析及用户自定义分析等共 19 种。此外,还可在电路中设置人为故障,如开路、短路及不同程度的漏电,观察电路的不同状态,以加深对基本概念的理解。

Multisim 还提供原理图输入接口,全部的数模 Spice 仿真功能、VHDL/V 设计接口与仿真功能、FPGA/CPLD 综合、RF 设计能力和后处理功能,还可以进行从原理图到 PCB 布线工具包(如 Electronics Workbench 的 Ultboard2001)的无缝隙数据传输。

1.5.3　Multisim 虚拟仪器介绍

Multisim 提供了大量应用于仿真的虚拟仪器,这些虚拟仪器不仅种类繁多、功能齐全,并且在使用、设置、连接等方面和真实仪器十分接近,这种特性可以使用户十分方便地调用和配置自己所需的虚拟仪器,感觉就像在真实环境中使用仪器一样。在 Multisim 中,提供了电子测量时所需的大多数测量仪器,用户可以使用菜单栏中的"仿真"→"仪器"来放置所需的仪器,同时也可以使用仪器工具栏中的按钮进行放置(图 1-5-1)。

当用户需要使用某种测量仪器时,只需要点击仪器工具栏中相应的按钮,此时会出现一个随鼠标移动的仪器符号,将该仪器放置到电路的合适位置并连接好线路,双击仪器符号打开仪器的控制面板进行相应的设置后就可以开始仿真了。在 Multisim 中,同一个仪器可以在图纸上放置多次。下面介绍一些常用的 Multisim 虚拟仪器。

图 1-5-1　虚拟仪器工具栏

(1)万用表

万用表是一种用来测量电路中电压、电流、电阻等参数的多用电表。Multisim 中所提供的虚拟万用表的符号和虚拟面板如图 1-5-2 所示。

图 1-5-2　万用表

该虚拟万用表的连接与使用方法和真实的万用表基本相同。使用时将万用表符号中的正负接线端接入被测电路,在仪器面板上选择相应的测试功能和挡位就可以开始仿真过程了。点击"设置"按钮可以打开更为详细的万用表设置对话框(图 1-5-3)。在该对话框里,用户可以设置虚拟万用表的电气特性参数以及显示屏上测量值的默认单位。

(2)函数信号发生器

函数信号发生器的符号和虚拟面板如图 1-5-4 所示。函数信号发生器可以产生正弦波、三角波、矩形波信号,为方便测试,这些信号的参数也可以方便地进行设置,比如输出的频率、占空比、输出幅度、直流偏移等。

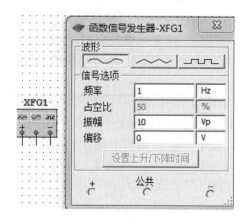

图 1-5-3　万用表设置对话框

图 1-5-4　函数信号发生器

虚拟函数信号发生器有 3 个接线端,其中"＋"和"－"接线端分别输出两路极性相反的信号,中间的"公共端"为输出信号的参考点位端,通常情况下用来接地。

（3）功率表

功率表是一种用来测量电路负载有功或无功功率以及功率因数的测试仪器（图 1-5-5）。

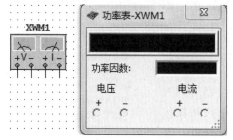

图 1-5-5　功率表

功率表有两组输入端子,一组电压端子和一组电流端子,使用时将电压端子并联在负载两端,电流端子串联于电源和负载之间,启动仿真,负载当前的功率以及功率因数就可以显示在面板上。

（4）示波器

Multisim 中提供了双通道示波器和四通道示波器,它们的符号和面板如图 1-5-6、图 1-5-7 所示。该仪器是实验室常见的一种测试仪器,它不仅可以用来显示被测信号的波形,还可以对被测信号的幅度、频率、周期等参数进行测量。

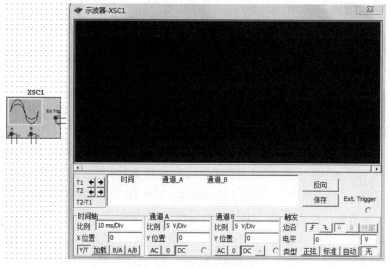

图 1-5-6　双通道示波器

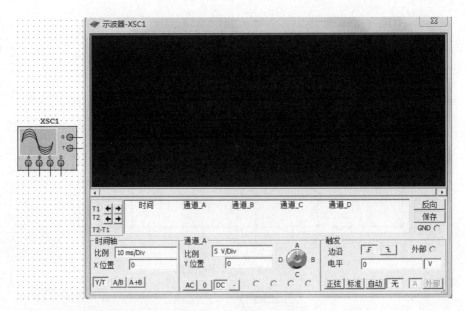

图 1-5-7　四通道示波器

该虚拟示波器的使用方法和真实的示波器相比差别不大,读者可以依照实际的示波器挡位设定原则和技巧对虚拟示波器进行相同的设置。

（5）波特仪

波特仪是一种通过测量电路幅频特性和相频特性而得到电路频率响应的常用仪器,Multisim 自带的虚拟波特仪的符号图和控制面板如图 1-5-8 所示。

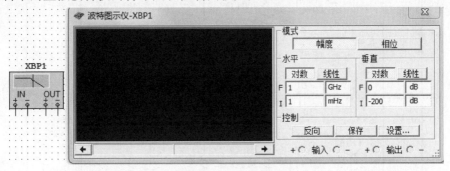

图 1-5-8　波特仪

需要指出的是:在做电路的频率特性分析时,还需要在电路的输入端添置一个信号源作为信号激励(图 1-5-9)。波特仪有一个"输入端(IN)"和一个"输出端(OUT)",测量时,将波特仪的"输出端(OUT)"接被测电路的输出端,"输入端(IN)"接被测电路的输入端。设置好仪器的测量方式以及坐标的显示方式后就可以进行电路频率特性的仿真测量了。图 1-5-10所示为使用波特仪测出的一个放大电路的幅频特性曲线。

（6）频率计

频率计是测量信号频率与周期的测量仪器(图 1-5-11)。Multisim 自带的这款虚拟频率计还可以对信号的脉冲宽度、上升沿和下降沿的时间进行测量。

使用时只需将被测信号接入仪器输入端,设置好需要测量的模式与合适的触发电平,就可以对信号进行仿真分析了。

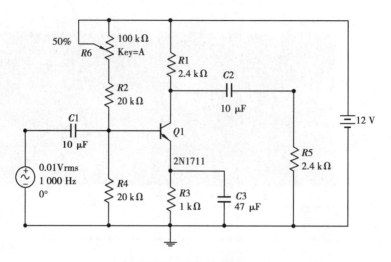

图 1-5-9　添加信号激励

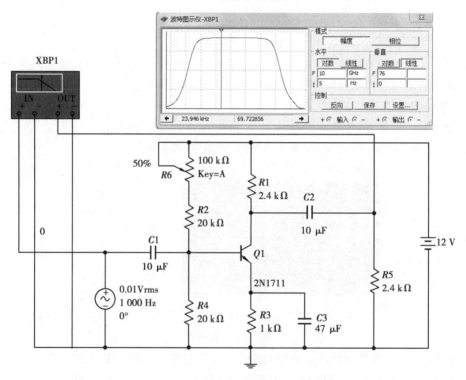

图 1-5-10　用波特仪测出的放大电路的幅频特性

（7）字发生器

字发生器是 Multisim 软件自带的一种较有特色的虚拟仪器（图 1-5-12），该仪器主要提供可预置的数字逻辑数据的激励和相移信号的产生。当用户需要测试自己设计的数字电路逻辑功能时，可以使用该虚拟仪器在特定的条件下产生预先设置好的逻辑信号，最终达到测试电路逻辑功能的目的。

（8）逻辑分析仪

逻辑分析仪一般应用于数字电路系统中总线逻辑的监测，从而达到系统调试、故障检测、

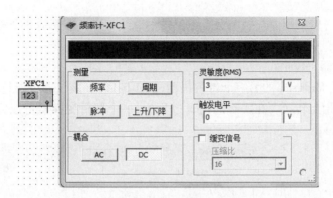

图 1-5-11 频率计

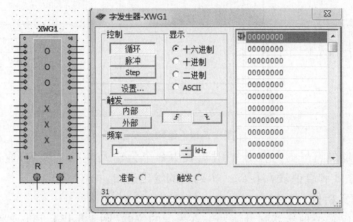

图 1-5-12 字发生器

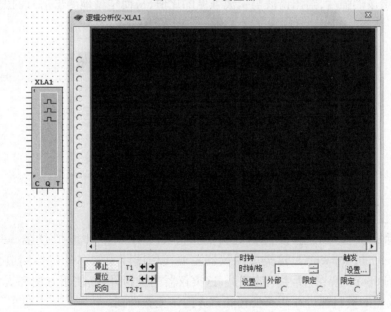

图 1-5-13 逻辑分析仪

性能分析的目的。

Multisim 提供的逻辑分析仪的符号和面板如图 1-5-13 所示。该仪器符号的左侧有 16 路信号输入端,用户可以按顺序与被测数字电路中的总线相连。下面的 3 个输入端子分别为:C (外部时钟输入端)、Q(时钟检测)、T(触发检测)。

(9)**逻辑转换器**

逻辑转换器是 Multisim 的另一个特色仪器(图 1-5-14)。该仪器可以将电路逻辑状态、真值表、逻辑表达式相互转换。在实际的仿真过程中,一个逻辑变换器可以完成 8 路变量的逻辑转换操作。

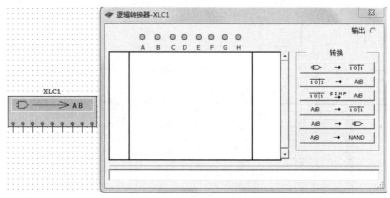

图 1-5-14　逻辑变换器

该逻辑变换器的符号图上有 9 个引脚,其中 8 个为输入,1 个为输出,通过仪器内部的逻辑转换(逻辑关系式和真值表),得到一个确定的输出逻辑。

(10)**失真度分析仪**

失真度分析仪是一种能够测量信号失真程度的仪器(图 1-5-15),该仪器使用精度很高的方法测量所有谐波的强度,给出谐波与基波强度的比值,从而定量地测出信号的失真状况。

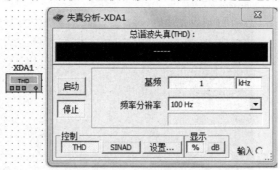

图 1-5-15　失真度分析仪

(11)**仿真仪器**

Multisim 除提供标准的虚拟仪器之外,还提供了另外一种虚拟仪器——仿真仪器 (Simulated Vender Instruments),这类虚拟仪器主要模仿国际上知名的仪器制造公司 Agilent (安捷伦)和 Tektronix(泰克)所生产的仪器,这类仪器的虚拟外观、使用方法和真实的仪器完全一样,这些仪器的资料都可在两家公司的官方网站上查询到。

图 1-5-16、图 1-5-17、图 1-5-18 分别展示的是虚拟的安捷伦台式万用表、虚拟安捷伦函数信号发生器、虚拟安捷伦示波器。这种仿真仪器的使用和真实的仪器使用完全一样,使用者可以查询安捷伦公司的网站获得它们的使用手册。图 1-5-19 展示的是虚拟泰克示波器。

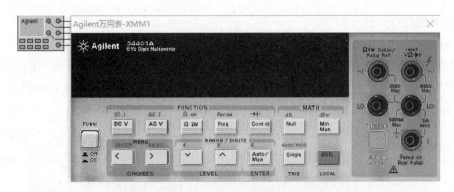

图 1-5-16　虚拟安捷伦台式万用表

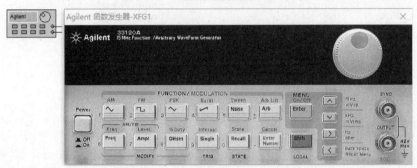

图 1-5-17　虚拟安捷伦函数信号发生器

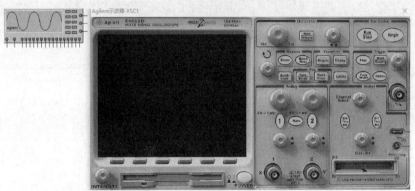

图 1-5-18　虚拟安捷伦示波器

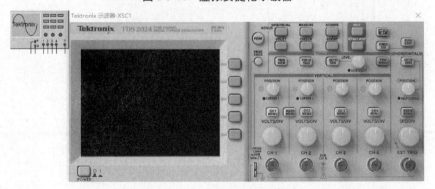

图 1-5-19　虚拟泰克示波器

（12）测试探针

在仪器工具栏中还有一种便于用户测量电路参数的测试工具——测试探针。单击仪器工具栏上的 ，就可在电路的任意位置放置探针。这些探针就像一个个标签，便捷地指示出该节点当前电流和电压参数，如图 1-5-20 所示。需要指出的是，该探针是有方向的，默认箭头的方向为电流的正方向。

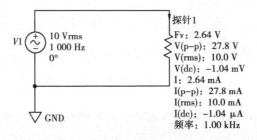

探针1
Fv：2.64 V
V(p–p)：27.8 V
V(rms)：10.0 V
V(dc)：–1.04 mV
I：2.64 mA
I(p–p)：27.8 mA
I(rms)：10.0 mA
I(dc)：–1.04 μA
频率：1.00 kHz

图 1-5-20　测试探针

1.5.4　Multisim 使用简介

（1）Multisim 界面

在 Windows 系统的桌面上找到 Multisim 快捷方式，双击后启动 Multisim。启动后的软件界面如图 1-5-21 所示。

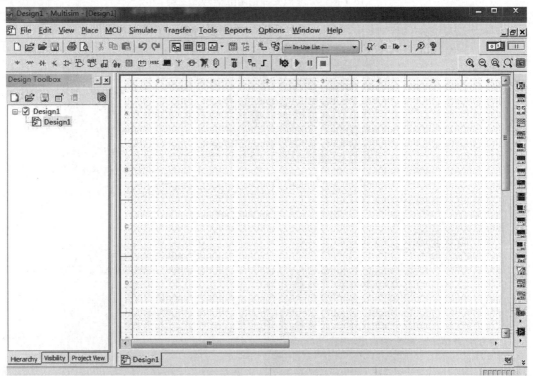

图 1-5-21　Multisim 用户界面

在默认状态下，Multisim 用户界面中包含以下基本的组成部分：

①菜单栏:提供软件所有功能的选择菜单,使用该菜单可以完成所有的设计与系统环境设置的功能。

②标准工具栏:该工具栏提供了一些日常设计工作中所需要的通用功能按钮。

③元器件工具栏:该工具栏提供连接大多数元器件时所需的功能按钮。

④虚拟仪器工具栏:Multisim 提供的所有虚拟仪器都可以在该栏中找到相应的放置按钮。

⑤设计工具箱:该工具栏使用一个标准的 Windows 树形目录文件结构来组织一个大型的设计工程,用户可以使用该工具栏来管理自己的各种设计文件与仿真文件,同时还可以利用该栏来管理电路图的设计层次结构。

⑥电路设计工作区:该区域相当于一张虚拟的绘图纸,设计人员可以在该图纸上完成电路图的绘制和虚拟仪器的放置。

(2)电路绘制与仿真的基本步骤

本节将引导读者绘制一个单管放大电路并进行仿真。对于一个普通的仿真电路,其设计过程大致分为以下四步:①放置元器件到绘图区;②调整元器件的方向和位置,并用导线进行连接;③放置虚拟仪器到绘图区,连接虚拟仪器到相应的测试节点;④启动仿真过程,待仿真结果稳定或已观察到所需的仿真结果后停止仿真,检查仿真结果。

1)创建一个新的电路图文件

一般说来,在启动 Multisim 以后,软件就会自动地新建一个空白的绘图区,该绘图区就好比一张图纸,用户在该图纸上绘制自己的电路图(见图 1-5-21)。

如果用户在打开 Multisim 以后需要再建立新的原理图文件,可以使用菜单栏中的"文件"→"新建"→"原理图"来创建。除此之外也可以使用标准工具栏中的新建按钮 □ 来创建。图纸默认名称是"电路 1",名称可以通过"文件"→"另存为"进行更改(图 1-5-22)。

图 1-5-22 原理图重命名

2)放置元件和连线

放置元件:在 Multisim 的设计环境中通常有 3 种方法来放置元器件。第一种是使用菜单栏中的"放置"→"Component"来放置;第二种是使用元器件工具栏来放置;第三种方法是在绘图区的空白处单击鼠标右键,在弹出的快捷菜单里选择"Place Component"来放置。

在这几种放置方法中最为常用的是使用元器件工具栏来放置元件,元器件工具栏好比一个元器件柜,所有的元器件都分门别类地用不同的按钮表示出来(图 1-5-23)。

图 1-5-23　元器件工具栏

单击元器件工具栏中的任何一个元件按钮都会打开一个元件选择窗口(图 1-5-24),用户可以在该对话框中选择自己需要的元器件。

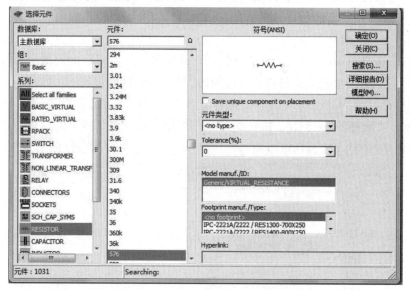

图 1-5-24　选择元件对话框

元件选择窗口中的各种选项的含义如下:

"数据库":当前选中的元件库。

"组":当前元件所属的类别。

"系列":当前所属的类别的元件组中所包含的元件系列。

"元件":选中的元件系列中所包含的元件。

"符号":选中元件的符号预览。

"元件类型":设置所选元件的类型描述。

"容差":设置元件的误差等级。

"模型制造商":元件的生产厂商或仿真模型提供商。

"封装制造商/类型":元件的封装规格。

单击"元器件工具栏"中的"Transistors"→在弹出的放置元件对话框中的"系列"中选择"BJT_NPN"→在"元器件"列表中选择"MRF9011LT1_A"→单击"确定",将元件放置在图纸的合适位置,如图1-5-25所示。

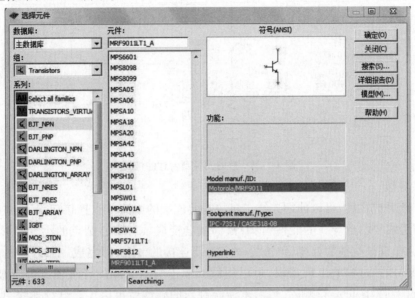

图 1-5-25　放置三极管

其他元件也可以按照上面的步骤进行放置。

当所有元件放置完毕了以后,为使图纸更为美观和便于连线,元件还要进行一些必要的调整。右击需要调整的元件,此时会弹出元件编辑快捷菜单(图1-5-26)。利用该快捷菜单可以对元件进行进一步的调整和编辑。

图 1-5-26　元件编辑快捷菜单　　　　图 1-5-27　元件属性对话框

双击元件还可以打开元件属性对话框,该对话框可以对元件的属性进行进一步的调整(图1-5-27)。调整好的电路原理图的布局如图1-5-28所示。

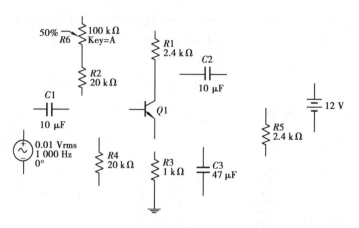

图 1-5-28　排列元件到合适的位置

3）连接导线

元件摆放完成之后，可以使用连线工具将需要连接的电路节点连接起来。连接元件时只需将鼠标靠近需要引出导线的元件引脚，鼠标就会变成具有实心圆点的小十字形"✦"，拖动鼠标，此时会出现被拉拽的导线，单击另一个需要连接的节点，即完成一条导线的绘制工作。如果在绘制导线的过程中出现错误，可以用鼠标单击需要删除的导线使其处于被选中的状态，再按键盘上的"Delete"键删除，然后重新绘制新的导线就可以了。继续连线，直到完成所有的连线（图 1-5-29）。

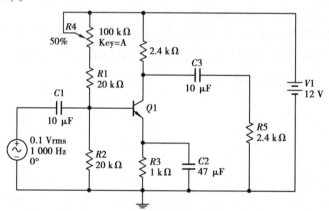

图 1-5-29　连接完毕的电路图

4）放置虚拟仪器

Multisim 给用户提供了一系列的虚拟仪器，这些虚拟仪器的使用方法和真实的仪器没有太大区别，用户可以十分方便地利用这些虚拟仪器测量电路的状态和参数。

虚拟仪表的添加方法如下：在虚拟仪表工具栏中，单击需要添加的仪表，在绘图区域中出现一个可以拖动的仪表符号，把它移动到合适位置以后单击鼠标左键，将该仪表放置在电路图上（图 1-5-30）。

将虚拟仪器的输入端连接到被测电路相应的测试点上。双击虚拟仪器可以打开仪器的控制面板（图 1-5-31），单击通用工具栏中的 ▷ 按钮开始仿真，当虚拟仪器中出现相应波形的时候可以单击 ■ 来终止仿真。

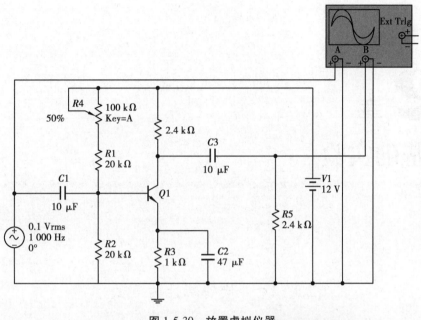

图 1-5-30　放置虚拟仪器

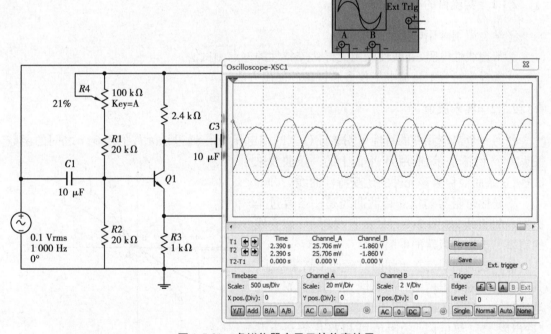

图 1-5-31　虚拟仪器中显示的仿真结果

第2章 电路基础实验

2.1 元件伏安特性的测试

2.1.1 实验目的

①学会识别常用电路元件的方法。
②掌握线性电阻、非线性电阻元件伏安特性的逐点测试法。
③掌握实验台上直流电工仪表和设备的使用方法。

2.1.2 实验原理

任何一个二端元件的特性可用该元件上的端电压 U 与通过该元件的电流 I 之间的函数关系 $I=f(V)$ 来表示,即用 IV 平面上的一条曲线来表征,这条曲线称为该元件的伏安特性曲线。

①线性电阻器的伏安特性曲线是一条通过坐标原点的直线,如图 2-1-1 中 a 直线所示,该直线的斜率等于该电阻器的电阻值。

②一般的白炽灯在工作时灯丝处于高温状态,其灯丝电阻随着温度的升高而增大,通过白炽灯的电流越大,其温度越高,阻值也越大,一般灯泡的"冷电阻"与"热电阻"的阻值可相差几倍至十几倍,所以它的伏安特性如图 2-1-1 中 b 曲线所示。

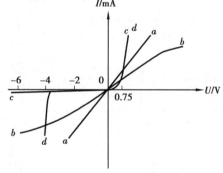

图 2-1-1　多个元件的 U-I 曲线

③一般的半导体二极管是一个非线性电阻元件,其特性如图 2-1-1 中的 c 曲线。正向压降很小(一般的锗管为 0.1~0.3 V,硅管为 0.5~0.7 V),正向电流随正向压降的升高而急剧上升,而反向电压从零一直增加到十至几十伏时,其反向电流增加很小,粗略地可视为零。可见,二极管具有单向导电性,但反向电压加得过高,超过管子的极限值,则会导致管子击穿损坏。

④稳压二极管是一种特殊的半导体二极管,其正向特性与普通二极管类似,但其反向特

性较特别,如图 2-1-1 中 d 曲线。在反向电压开始增加时,其反向电流几乎为零,但当电压增加到某一数值时(称为管子的稳压值,有各种稳压值的稳压管)电流将突然增加,以后它的端电压将维持恒定,不再随外加的反向电压升高而增大。

2.1.3　实验设备与器件

①可调直流稳压源	1 台
②直流数字毫安表	1 块
③直流数字电压表	1 块
④二极管	1 只
⑤稳压管	1 只
⑥直流白炽灯 12 V	1 只
⑦电阻器	1 只

2.1.4　实验内容

(1)测定线性电阻器的伏安特性

按图 2-1-2 接线,调节稳压电源的输出电压 U,从 0 V 开始缓慢增加,一直到 12 V,记下相应的电压表和电流表的读数。

表 2-1-1　线性电阻器伏安特性实验记录表

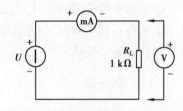

图 2-1-2　电阻器伏安特性接线图

U/V	0					12
I/mA	0					

(2)测定非线性白炽灯泡的伏安特性

将图 2-1-2 中的 R_L 换成一只 12 V 的白炽灯泡,重复 1 的步骤,调节稳压电源的输出电压 U,从 0 V 开始缓慢增加,一直到 12 V,记下相应的电压表和电流表的读数。

表 2-1-2　非线性白炽灯泡伏安特性实验记录表

U/V	0						12
I/mA							

(3)测定半导体二极管的伏安特性

按图 2-1-3 接线,R 为限流电阻,测二极管的正向特性时,其正向电流不得超过 80 mA,二极管的正向压降可为 0~0.75 V 取值。主要在 0.2~0.75 V 选取测量点。做反向特性实验时,只需将图 2-1-3 中的二极管 VD 反接。

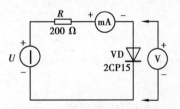

图 2-1-3　二极管伏安特性接线图

表 2-1-3　半导体二极管伏安特性实验记录表

U/V						0					
I/mA						0					

（4）测定稳压二极管的伏安特性

将图 2-1-3 中的二极管换成稳压二极管,正向测试按实验内容 3 的方法;反向测试时,稳压管的电压降不要太大,在稳压值附近多测量几点。

表 2-1-4　稳压二极管伏安特性实验记录表

U/V						0					
I/mA						0					

2.1.5　注意事项

①测定二极管正向特性时,稳压电源输出电压应由小至大逐渐增加,应时刻注意电流表的读数不得超过 80 mA,稳压电源输出端切勿碰线短路。

②测稳压管反向特性时,应注意电流表的读数不得超过 80 mA。

③进行不同实验时,应先估量电压和电流值,合理选择仪表的量程,勿使仪表超量程,仪表的极性亦不可接错。

2.1.6　思考题

①线性电阻与非线性电阻的概念是什么? 电阻器与二极管的伏安特性有何区别?

②设某器件伏安特性曲线的函数式为 $I=f(U)$,试问在逐点绘制曲线时,其坐标变量应如何放置?

③稳压二极管与普通二极管有何区别,其用途如何?

2.1.7　实验报告

①根据各实验结果数据,分别在方格纸上绘制出光滑的伏安特性曲线。

②根据实验结果,总结、归纳被测各元件的特性。

③必要的误差分析。

④心得体会及其他。

2.2　线性有源二端网络等效参数的测定

2.2.1　实验目的

①验证戴维南定理和诺顿定理的正确性,加深对该定理的理解。

②掌握测量有源二端网络等效参数的一般方法。

2.2.2 原理说明

任何一个线性含源网络,如果仅研究其中一条支路的电压和电流,则可将电路的其余部分看作是一个有源二端网络(或称为含源一端口网络)。

戴维南定理指出:任何一个线性有源网络,总可以用一个等效电压源来代替,此电压源的电动势 E_S 等于这个有源二端网络的开路电压 U_{OC},其等效内阻 R_0 等于该网络中所有独立源均置零(理想电压源视为短接,理想电流源视为开路)时的等效电阻。R、E_S 和 R_0 称为有源二端网络的等效参数。

诺顿定理指出:任何一个线性有源网络,总可以用一个电流源与一个电阻的并联组合来等效代替,此电流源的电流 I_S 等于这个有源二端网络的短路电流 I_{SC},其等效内阻 R_0 定义同戴维南定理。

有源二端网络等效电阻 R_0 的测量方法:

(1)直接测量法

将网络内所有独立源置零,用万用表直接测量。

(2)开路电压、短路电流法

在有源二端网络输出端开路时,用电压表直接测其输出端的开路电压 U_{OC},然后再将其输出端短路,用电流表测其短路电流 I_{SC},则内阻为

$$R_0 = \frac{U_{OC}}{I_{SC}}$$

(3)伏安法

用电压表、电流表测出有源二端网络的外特性如图 2-2-1 所示。根据外特性曲线求出斜率 $\tan\varphi$,则内阻为

$$R_0 = \tan\varphi = \frac{\Delta U}{\Delta I} = \frac{U_{OC}}{I_{SC}}$$

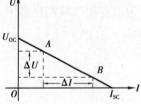

图 2-2-1　有源二端网络
外特性曲线

用伏安法,主要是测量开路电压及电流为额定值 I_N 时的输出端电压值 U_N,则内阻为

$$R_0 = \frac{U_{OC} - U_N}{I_N}$$

(4)半电压法

若二端网络的内阻很低时,则不宜测其短路电流。测试方式如图 2-2-2 所示,当负载电压为被测网络开路电压一半时,负载电阻(由电阻箱的读数确定)即为被测有源二端网络的等效内阻值。

(5)零示法

在测量具有高内阻有源二端网络的开路电压时,用电压表进行直接测量会造成较大的误差,为了消除电压表内阻的影响,往往采用零示测量法,如图 2-2-3 所示。
零示法测量原理是用一个低内阻的稳压电源与被测有源二端网络进行比较,当稳压电源的输出电压与有源二端网络的开路电压相等时,电压表的读数将为"0",然后将电路断开,测量此时稳压电源的输出电压,即为被测有源二端网络的开路电压。

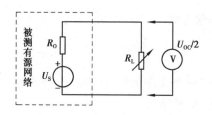

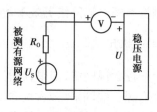

图 2-2-2　半压法测试原理图　　　图 2-2-3　零示法测试原理图

2.2.3　仪器设备

①可调直流稳压源	1 台
②可调直流恒流源	1 台
③直流数字电压表	1 块
④直流数字毫安表	1 块
⑤戴维南电路实验板	1 块
⑥电位器 1 kΩ	1 只
⑦负载电阻	若干

2.2.4　实验内容

被测有源二端网络如图 2-2-4(a)所示。

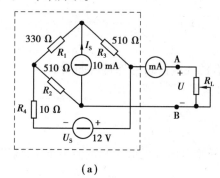

(a)

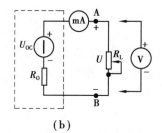　　　　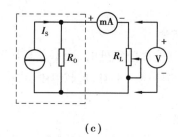

(b)　　　　　　　　　　(c)

图 2-2-4　有源二端网络测试图

1)测量有源二端网络的等效参数：

①开路电压 U_{OC}；

②短路电流 I_{SC}；

③等效电阻 R_0。

2)把图 2-2-4 所示的 3 个电路的外特性测量数据填入表 2-2-1 中。

表 2-2-1　实验记录表

$R_L/k\Omega$		0						∞
含源网络[图 2-10(a)]	U/V							
	I/mA							
等效电压源[图 2-10(b)]	U/V							
	I/mA							
等效电流源[图 2-10(c)]	U/V							
	I/mA							

2.2.5　注意事项

①测量时,注意电流表量程的更换。

②改接线路时,要关掉电源。

2.2.6　思考题

①在求戴维南等效电路时,做短路试验。测 I_{SC} 的条件是什么? 在本实验中可否直接做负载短路实验? 请实验前对图 2-2-4 所示线路预先做好计算,以便调整实验线路及测量时可准确地选取仪表的量程。

②说明测有源二端网络等效内阻的几种方法,并比较其优缺点。

2.2.7　实验报告

①根据实验数据分别绘出图 2-2-4(a)、(b)、(c)三种电路的外特性曲线,验证戴维南定理及诺顿定理的正确性,并分析产生误差的原因。

②根据测得的 U_{OC} 与 R_0 与预习时电路计算的结果做比较,你能得出什么结论。

③归纳、总结实验结果。

④心得体会及其他。

2.3　一阶电路的响应

2.3.1　实验目的

①测定 RC 一阶电路的零输入响应,零状态响应及完全响应。

②学习电路时间常数的测量方法。

③掌握有关微分电路和积分电路的概念。

④学习用示波器测绘波形。

2.3.2 原理说明

①动态网络的过渡过程是十分短暂的单次变化过程,对时间常数τ较大的电路,可用长余辉慢扫描示波器观察光点移动的轨迹。然而能用一般的双踪示波器观察过渡过程和测量有关参数,必须使这种单次变化的过程重复出现。为此,我们利用信号发生器输出的方波来模拟阶跃激励信号,即将方波输出的上升沿作为零状态响应的正阶跃激励信号;方波下降沿作为零输入响应的负阶跃激励信号,只要选择方波的重复周期远大于电路的时间常数τ。电路在这样的方波序列脉冲信号的激励下,它的影响和直流接通与断开的过渡过程是基本相同的。

②RC一阶电路的零输入响应和零状态响应分别按指数规律衰减和增加,其变化的快慢决定于电路的时间常数τ。

③时间常数τ的测定方法

用示波器测得零输入响应的波形如图2-3-1(a)所示。

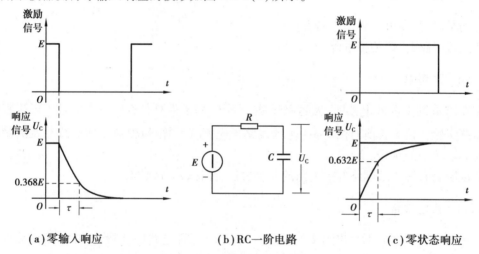

（a）零输入响应 （b）RC一阶电路 （c）零状态响应

图 2-3-1 一阶电路零输入和零状态响应

根据一阶微分方程的求解,得知

$$U_C = E_e^{-\frac{t}{RC}} = E_e^{-\frac{t}{\tau}}$$

当$t=\tau$时,$U_{C(\tau)} = 0.368E$,此时所对应的时间就等于τ亦可用零状态响应波形增长到$0.632E$所对应的时间测得,如图2-3-1(c)所示。

④微分电路和积分电路是RC一阶电路中较典型的电路,它对电路元件参数和输入信号的周期有特定的要求。

一个简单的RC串联电路,在方波序列脉冲的重复激励下,当满足$\tau = RC \ll \dfrac{T}{2}$时($T$为方波脉冲的重复周期),且由电阻R两端作为响应输出,这就成了一个微分电路,因为此时电路的输出信号电压与输入信号电压的微分成正比,如图2-3-2(b)所示。

若将图2-3-2(b)中的R与C位置调换一下,即由电容C两端作为响应输出,且当电路参

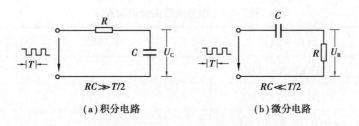

（a）积分电路　　　　　　　　　　（b）微分电路

图 2-3-2　积分、微分电路

数的选择满足 $\tau = RC \gg \dfrac{T}{2}$ 条件时，如图 2-3-2（a）所示即称为积分电路，因为此时电路的输出信号电压与输入信号电压的积分成正比。

从输出波形来看，上述两个电路均起着波形变换的作用，请在实验过程中仔细观察与记录。

2.3.3　仪器设备

① 双踪示波器　　　　　　　　1 台
② 信号发生器　　　　　　　　1 台
③ 阻容元件　　　　　　　　　若干

2.3.4　实验内容

（1）一阶电路时间常数 τ 的测量

选择 R、C 元件组成如图 2-3-2（a）所示的 RC 充放电电路，E 为脉冲信号发生器输出 $U_m = 10\ V$，$f = 1\ kHz$ 的方波电压信号，将激励源 E 和响应的信号分别连至示波器的两个输入端 CH_1 和 CH_2，这时可在示波器的屏幕上观察到激励与响应的变化规律，求测时间常数 τ。少量地改变电容值或电阻值，定性地观察对响应的影响，记录观察到的现象。

表 2-3-1　积分电路实验记录表

元件参数	U_C 波形	τ 测量	τ 计算
$R = 10\ k\Omega$、$C = 3\ 300\ pF$			
$R = 10\ k\Omega$、$C = 6\ 800\ pF$			
$R = 10\ k\Omega$、$C = 0.01\ \mu F$			
$R = 10\ k\Omega$、$C = 0.1\ \mu F$			

（2）微分电路的波形观测

电路按图 2-3-2（b）所示的电路连接，在同样的方波激励信号（$U_m = 10\ V$，$f = 1\ kHz$）作用下，观察并描绘激励与响应的波形。增减 R 之值，定性观察对响应的影响，当 R 增至 1 $M\Omega$ 时，输入输出波形有何本质上的区别？

表 2-3-2　微分电路实验记录表

元件参数	U_R 波形
$C = 0.01~\mu F$、$R = 510~\Omega$	
$C = 0.01~\mu F$、$R = 1~k\Omega$	
$C = 0.01~\mu F$、$R = 10~k\Omega$	
$C = 0.01~\mu F$、$R = 100~k\Omega$	

2.3.5　注意事项

①调节电子仪器各旋钮时,动作不要过猛。实验前,尚须熟读双踪示波器的使用说明,特别是观察双踪时,要特别注意开关、旋钮的操作与调节。

②信号源的接地端与示波器的接地端要连在一起(称共地),以防外界干扰影响测量的准确性。

2.3.6　预习思考题

①什么样的电信号可作为 RC 一阶电路零输入响应、零状态响应和完全响应的激励信号?

②已知 RC 一阶电路 $R = 10~k\Omega$,$C = 0.1~\mu F$,试计算时间常数 τ,并根据 τ 值的物理意义,拟定测量 τ 的方案。

③何谓积分电路和微分电路,它们必须具备什么条件? 它们在方波序列脉冲的激励下,其输出信号波形的变化规律如何? 这两种电路有何功用?

2.3.7　实验报告

①根据实验观测结果,在方格纸上绘出 RC 一阶电路充放电时 U_C 的变化曲线,由曲线测得 τ 值,并与参数值的计算结果做比较,分析误差原因。

②根据实验观测结果,归纳、总结积分电路和微分电路的形成条件,阐明波形变换的特征。

③心得体会及其他。

2.4　二阶动态电路的研究

2.4.1　实验目的

①学习用实验的方法来研究二阶动态电路的响应,了解电路元件参数对响应的影响。

②观察、分析二阶电路响应的 3 种状态轨迹及其特点,以加强对二阶电路响应的认识与理解。

2.4.2 原理说明

一个二阶电路在正、负阶跃方波信号的激励下,可获得零状态与零输入响应,其响应的变化轨迹决定了电路的固有频率,当调节电路的元件参数值,使电路的固有频率分别为负实数、共轭复数及虚数时,可获得单调地衰减、衰减振荡和等幅振荡的响应。在实验中可获得过阻尼、临界阻尼和欠阻尼这3种响应波形。

为了能在示波器荧光屏上观察到矩形脉冲响应波形,在二阶电路输入端送入周期性重复出现的方波信号,输出端便得周期性重复出现的二阶电路脉冲响应。由于电路中电阻 R 不同,响应有以下3种形式。

① 当 $R>2\sqrt{\dfrac{L}{C}}$ 时,特征根为不等的负实根,响应是非周期性(非振荡性)的,称为过阻尼情况。

② 当 $R=2\sqrt{\dfrac{L}{C}}$ 时,特征根为相等的负实根,响应仍是非周期性的,称为临界阻尼情况。

③ 当 $R<2\sqrt{\dfrac{L}{C}}$ 时,特征根为一对共轭根,响应为周期性的衰减振荡,称为欠阻尼情况。

欠阻尼情况下的衰减振荡角频率 ω_d 和衰减系数 α 可以从实际响应的波形求得。例如在示波器中得到如图 2-4-1 所示的电容器端电压的波形,图 2-4-1 中 (t_2-t_1) 即为 ω_d 的周期 T_d,由示波器的扫描时基可直接测出 T_d,从而由 $\omega_d=\dfrac{2\pi}{T}$ 可求得 ω_d。

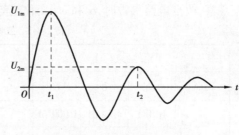

图 2-4-1 二阶电路响应波形

对 α,由衰减振荡的振幅包络线可知

$$U_{1m} = Ae^{-\alpha t_1}$$
$$U_{2m} = Ae^{-\alpha t_2}$$

于是

$$\frac{U_{1m}}{U_{2m}} = e^{-\alpha(t_1-t_2)} = e^{\alpha(t_2-t_1)} = e^{\alpha T_d}$$

所以

$$\alpha = \frac{1}{T_d}\ln\frac{U_{1m}}{U_{2m}}$$

这样,从示波器波形上测出周期 T_d 和幅值 U_{1m} 和 U_{2m} 后,就可算出 ε 值。

简单而典型的二阶电路是一个 RLC 串联电路和 GCL 并联电路,这二者之间为对偶关系。本实验仅对 GCL 并联电路进行研究。

2.4.3 仪器设备

① 双踪示波器   1台
② 信号发生器   1台
③ 电路实验箱   1只

2.4.4 实验内容

利用电路板中的元件与开关的配合作用,组成如图 2-4-2 所示的 GCL 并联电路。

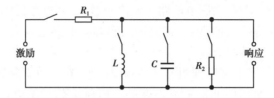

图 2-4-2　GCL 实验电路图

令 $R_1 = 10$ kΩ,$L = 4.7$ MH,$C = 1\,000$ pF,R_2 为 10 kΩ 可调电阻,令脉冲信号发生器的输出为 $U_i = 1$ V,$f = 1$ kHz 的方波脉冲,通过输出线接至图 2-4-2 中的激励端,同时用示波器探极将激励端和响应输出接至 CH$_1$ 和 CH$_2$ 两个输入端。

①调节可变电阻器 R_2 之值,观察二阶电路的零输入响应和零状态响应由过阻尼过渡到临界阻尼,最后过渡到欠阻尼的变化过程,分别定性地描绘、记录响应的典型变化波形。

②调节 R_2 使示波器荧光屏上呈现稳定的欠阻尼响应波形,如图 2-4-1 所示。定量测定此时电路的衰减常数 α 和振动频率 ω_d。

③改变 1 组电路参数,如增、减 L 或 C 之值,重复步骤 2 的测量,并记入表 2-4-1 中。随后仔细观察,改变电路参数时,α 和 ω_d 变化趋势,并做记录。

表 2-4-1　二阶电路实验记录表

元件参数				测量值				计算值	
R	R	L	C	t_1	t_2	U_1	U_2	α	ω_d
调至欠阻尼态	10 kΩ	4.7 mH	1 000 pF						
	10 kΩ	4.7 mH	0.01 μF						
	10 kΩ	10 mH	0.01 μF						
	30 kΩ	4.7 mH	0.01 μF						

2.4.5　注意事项

①信号发生器与示波器的地线是连接在一起的,调节 R_2 时,要细心、缓慢,临界阻尼要找准。

②双踪观察波形时,显示要稳定,如不同步,检查电路接线是否正确。

2.4.6　思考题

①根据二阶电路实验电路元件的参数,计算出临界阻尼状态的 R_2 之值。

②在示波器荧光屏上,如何测得二阶电路零输入响应欠阻尼状态的衰减常数 α 和振荡频率 ω_d。

2.4.7　实验报告

①根据观测结果,在方格纸上描绘二阶电路过阻尼、临界阻尼的响应波形。
②测算欠阻尼振荡曲线上的 α 与 ω_d。
③归纳、总结电路元件参数的改变,对响应变化趋势的影响。
④心得体会及其他。

2.5　正弦稳态交流电路相量的研究

2.5.1　实验目的

①研究正弦稳态交流电路中电压、电流相量之间的关系。
②掌握日光灯线路的接线。
③理解改善电路功率因数的意义并掌握其方法。

2.5.2　原理说明

①在单相正弦交流电路中,用交流电流表测得各支路的电流值,用交流电压表测得回路各元件两端的电压值,它们之间的关系满足相量形式的基尔霍夫定律,即

$$\sum \dot{I} = 0 \text{ 和 } \sum \dot{U} = 0$$

②如图 2-5-1 所示的 RC 串联电路,在正弦稳态信号 U 的激励下,U_R 与 U_C 保持 90° 的相位差,即当阻值 R 改变时,U_R 的向量轨迹是一个半圆,U、U_C、U_R 三者形成一个直角形的电压三角形。R 值改变时,可改变 φ 角的大小,从而达到移相的目的。

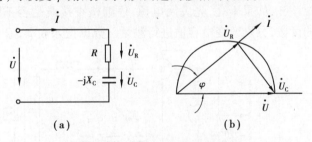

（a）　　　　　　　　（b）

图 2-5-1　RC 串联电路和相量图

③感性负载的电流 I_2 滞后负载的电压 U_2 一个 φ 角度,负载吸收的功率为

$$P_2 = U_2 I_2 \cos \varphi$$

　　如果负载的端电压恒定,功率因数越低,线路上的电流越大,输电线损耗越大,传输效率越低,发电机容量得不到充分利用。所以,提高输电线路系统的功率因数是很有意义的。

　　日光灯线路如图 2-5-2 所示,图中 C 是补偿电容器,用以改善电路的功率因数($\cos \varphi$ 值)。有关

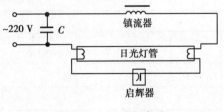

图 2-5-2　日光灯电路

47

日光灯的工作原理请参阅附注。

2.5.3 仪器设备

①交流电流表	1 块
②交流电压表	1 块
③功率表	1 块
④白炽灯	1 只
⑤电容器 2.2 μF、4.7 μF	各 1 只
⑥日光灯管 40 W/220 V	1 只

2.5.4 实验内容

(1)验证电压三角形关系

①用一只 25 W 的白炽灯泡和 4.7 μF 电容器组成如图 2-5-1(a)所示的实验电路,将自耦调压器输出调至 220 V,记录 U_R、U_C 值,验证电压三角形关系。

②改变电阻值,重复上述内容,验证 U_R 相量轨迹。

表 2-5-1　RC 串联电路实验记录表

灯泡盏数	测量值			计算值	
	U/V	U_R/V	U_C/V	U/V	φ
1	220				
2	220				

(2)电路功率因数的改善

按图 2-5-3 接线,接通电源,将自耦调压器的输出电压调至 220 V,实验中保持此电压不变。这时日光灯管应该亮,如果不亮,先关闭电源,仔细检查接线是否正确。记录电流表、功率表及功率因数表的读数,分别改变电容值进行测量。数据记入表 2-5-2 中。

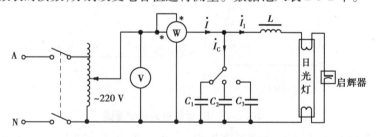

图 2-5-3　日光灯实验电路图

表 2-5-2　日光灯实验记录表

电容值/μF	测 量 数 据					计算值
	P/W	$\cos \varphi$	I/mA	I_L/mA	I_C/mA	I/mA
0						
2.2						

续表

电容值/μF	测 量 数 据					计 算 值
	P/W	$\cos\varphi$	I/mA	I_L/mA	I_C/mA	I/mA
4.7						
6.9						

2.5.5　注意事项

①本实验用交流电为 220 V。务必注意用电和人身安全。

②在接通电源前,应先将自耦调压器的手柄置零。

2.5.6　思考题

①参阅附注,了解日光灯的启动原理。

②在日常生活中,当日光灯上缺少了启辉器时,人们常用 1 根导线将启辉器的两端短接,然后迅速断开,使日光灯点亮。或用 1 只启辉器去点亮多只同类的日光灯,这是为什么?

③为了提高电路的功率因数,常在感性负数上并联电容器,此时增加了一条电流支路,试问电路的总电流是增大还是减小,此时感性元件上的电流和功率是否改变?

④提高电路的功率因数为什么多采用并联电容器法,而不用串联法? 所并联的电容器是否越大越好?

2.5.7　实验报告

①完成数据表格中的计算,进行必要的误差分析。

②根据实验数据,分别绘出电压、电流相量图,验证相量形式的霍尔夫定律。

③讨论改善电路功率因数的意义和方法。

④装接日光灯线路的心得体会及其他。

附注:

图 2-5-4 为日光灯电路原理图。日光灯是一种气体放电管,管内装有少量汞气,当管端电极间加以高压后,电极发射的电子能使汞气电离产生辉光,辉光中的紫外线射到管壁的荧光粉上,使其受到激励而发光。日光灯在高压下才能发生辉光放电,在低压下(如 220 V)使用时,必须装有启动装置产生瞬时的高压。

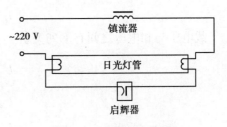

图 2-5-4　日光灯电路图

启动装置包括启辉器及镇流线圈。启辉是一个含有氖气的小玻璃泡,泡内有两个相距很近的电极,电极之一是由两片热膨胀系数相差很大的金属黏合而成的金属片。当接通电源时,泡内气体发生辉光放电,双金属片受热膨胀而弯曲,与另一电极碰接,辉光随之熄灭,待冷却后,两个电极立即分开。电路的突然断开,使镇流线圈产生一个很高的感应电压,此电压与电源电压叠加后足以使日光灯发生辉光放电而发光。镇流线圈在日光灯启动后发挥其降低灯管的端电压并限制其电流的作用。由于这个线圈的存在,因此,日光灯是一个感性负载。由于气体放电的非线性,和铁芯线圈的非线性,因此,严格地说,日光灯负载为非线性负载。

2.6　三相交流电路的电压和电流

2.6.1　实验目的

①加深对三相电路中线电压与相电压、线电流与相电流关系的理解。

②了解星形负载情况下中点的位移及中线所起的作用。了解三相供电方式中三线制和四线制的特点。

③进一步提高实际操作的能力。

2.6.2　原理说明

①在三相电路中当负载作星形连接时(图 2-6-1),不论三线制或四线制,相电流恒等于线电流,在四线制情况下,中线电流等于 3 个线电流的相量和,即

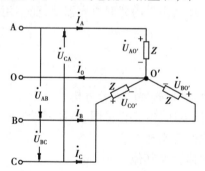

图 2-6-1　三相四线制负载星形连接

$$\dot{I}_{O} = \dot{I}_{A} + \dot{I}_{B} + \dot{I}_{C}$$

线电压与相电压之间有下列关系

$$\dot{U}_{AB} = \dot{U}_{AO} - \dot{U}_{BO}$$

$$\dot{U}_{BC} = \dot{U}_{BO} - \dot{U}_{CO}$$

$$\dot{U}_{CA} = \dot{U}_{CO} - \dot{U}_{AO}$$

当电源和负载都对称时,线电压和相电压在数值上的关系为

$$\dot{U}_{线} = \sqrt{3}\,\dot{U}_{相}$$

在四线制情况下,由于电源对称,当负载对称时,中线电流等于零;当负载为不对称时,中线电流不等于零。

②在三线制星形连接中,若负载不对称,将出现中点位移现象。中点位移后,各相负载电压将不对称。当有中线(三相四线制)时,若中线的阻抗足够小,则各相负载电压仍将对称,从而可看出中线的作用,但这时的中线电流将不为零。

③三相电源的相序可根据中点位移的原理用实验方法来测定。实验所用的无中线星形不对称负载(相序器)如图2-6-2所示。负载的一相是电容器,另外两相是两个同样的白炽灯。适当选择电容器 C 的值,可使两个灯泡的亮度有明显的差别。根据理论分析可知,灯泡较亮的一相相位超前于灯泡较暗的一相,而滞后于接电容的一相。

④在负载三角形连接中,如图2-6-3所示,相电压等于线电压,线电流于相电流之间有下列关系:

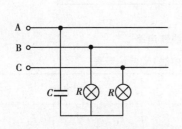

图 2-6-2　负载不对称星形连接

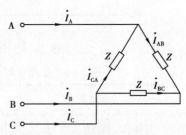

图 2-6-3　负载对称三角形连接

$$\dot{I}_A = \dot{I}_{AB} - \dot{I}_{BC}$$

$$\dot{I}_B = \dot{I}_{BC} - \dot{I}_{AB}$$

$$\dot{I}_C = \dot{I}_{CA} - \dot{I}_{BC}$$

当电源和负载都对称时,在数值上

$$\dot{I}_{线} = \sqrt{3}\, \dot{I}_{相}$$

2.6.3　仪器设备

①交流电流表	1块
②交流电压表	1块
③三相灯组负载 25 W/220 V	1组
④电容器 4.7 μF	1块
⑤电流插座	3只

2.6.4　实验内容

(1)测定相序

首先调节调压器的输出,使输出的三相电压为220 V,以下所有实验均使用此电压,然后断开电源开关,按图2-6-2接线,使其中一相为电容(4.7 μF),另两相为灯泡(25 W/220 V),组成相序器电路,测定相序。

(2)三相负载作星形连接(三相四线制供电)

按图2-6-4所示接线,三相负载作星形连接,有中线(三相四线制供电)。按表2-6-1所列情况测量线电压、相电压,线电流及中线电流,并将数据记入表中。

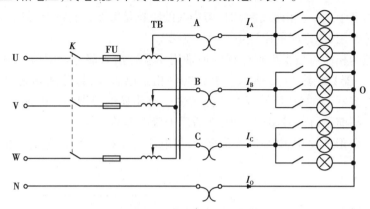

图 2-6-4　负载星形三相四线制电路

表 2-6-1　三相负载作星形连接(有中线)实验记录表

测量数据	线电压/V			相电压/V			线、相电流			中线电流
	U_{AB}	U_{BC}	U_{CA}	U_A	U_B	U_C	I_A	I_B	I_C	I_O
负载对称										
负载不对称										
A 相负载断开										

注:①负载对称指三相负载相等,如每相为一盏灯,两盏灯或三盏灯均可。

②负载不对称指 A 相一盏灯,B 相两盏灯,C 相三盏灯。

③A 相负载断开是指负载不对称时 A、O 断开。

(3)三相负载作星形连接(三相三线制供电)

按图 2-6-5 所示接线,三相负载作星形连接,无中线(三相三线制供电)。按表 2-6-2 所列情况测量线电压、相电压,线电流及中点电压。数据记入表中。

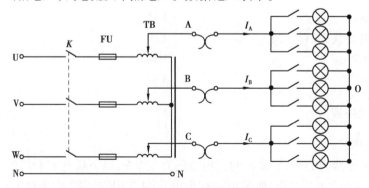

图 2-6-5　负载星形三相三线制电路

表 2-6-2　三相负载作星形连接 (无中线) 实验记录表

测量数据	线电压/V			相电压/V			线、相电流			中点电压
	U_{AB}	U_{BC}	U_{CA}	U_A	U_B	U_C	I_A	I_B	I_C	U_{NO}
负载对称										
负载不对称										
A 相负载断开										
A 相负载短路										

注:①负载对称指三相负载相等,如每相为一盏灯,两盏灯或三盏灯均可。
　　②负载不对称指 A 相一盏灯,B 相两盏灯,C 相三盏灯。
　　③A 相负载断开是指负载不对称时 A、O 断开。
　　④A 相负载短路也是指负载不对称时 A、O 短路。

(4) 负载三角形连接 (三相三线制供电)

按图 2-6-6 所示接线,作负载三角形连接 (三相三线制供电)。分别测量三相负载的线电压,线电流、相电流。将所测得的数据记入表 2-6-3 中。

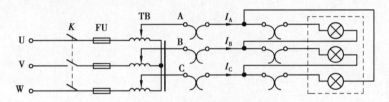

图 2-6-6　负载三角形连接电路

表 2-6-3　负载三角形连接实验记录表

测量数据	线、相电压/V			线电压/A			相电流/A		
	U_{AB}	U_{BC}	U_{CA}	I_A	I_B	I_C	I_{AB}	I_{BC}	I_{CA}
负载对称									
负载不对称									
A、B 相负载断开									

注:①负载不对称指 AB 相一盏灯,BC 相两盏灯,CA 相三盏灯。
　　②A、B 相负载断开指负载不对称时断开 A、B 相。

2.6.5　注意事项

①本实验采用三相交流电源,电压为 220 V。实验时要注意人身安全,不可触及导电部件,防止意外事故发生。

②每次接线完毕后,应仔细检查一遍,然后由指导教师检查后,方可接通电源,必须严格遵守"先接线后通电,先断电后拆线"的实验操作原则。

2.6.6　思考题

①分析相序器能测定相序的原理。

②三相四线制的中线上可以安装保险丝吗？为什么？

③三相负载根据什么条件作星形或三角形连接？

④本次实验中为什么要通过三相调压器将 380 V 的电压降为 220 V 的电压使用？

2.6.7　实验报告

①用实验测得的数据验证对称三相电路中的 $\sqrt{3}$ 关系。

②用实验数据和观察到的现象,总结三相四线供电系统中中线的作用。

③不对称三角形连接的负载,能否正常工作？实验是否能证明这一点？

④根据不对称负载三角形连接时的相电流值作向量图,并求出线电流值,然后与实验测得的线电流做比较,分析之。

⑤心得体会及其他。

第 **3** 章
模拟电路实验

3.1　常用电子仪器的使用

3.1.1　实验目的

①学习常用电子元件的识别及测试方法。

②学习并掌握常用电子仪器的正确使用方法。

③掌握用示波器观察波形和读取波形参数的方法。

3.1.2　实验原理

在模拟电子电路中,经常使用的电子仪器有示波器、信号发生器、直流稳压电源、交流毫伏表、频率计等。它们和万用表一起,可以完成对模拟电子电路的静态和动态工作情况的测试。

实验中要对各种电子仪器进行综合使用,可按照信号流向,以连线简洁、调节顺手、观察与读数方便等原则进行合理布局,各仪器与被测实验装置之间的布局与连线如图 3-1-1 所示。接线时应注意,为防止外界干扰,各仪器的接地端应连接在一起,称共地。信号源和交流毫伏表的引线通常用屏蔽线或电缆线,示波器接线使用专用电缆线,直流电源的接线用普通导线。

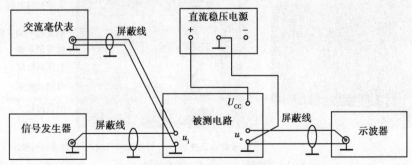

图 3-1-1　模拟电子电路中常用电子仪器布局图

为了防止过载而损坏,测量前一般把量程开关置于量程最大位置上,然后在测量中逐挡减小量程。

UT58 数字万用表面板如图 3-1-2 所示。

图 3-1-2　UT58 数字万用表面板

DG1022 信号发生器面板如图 3-1-3 所示。

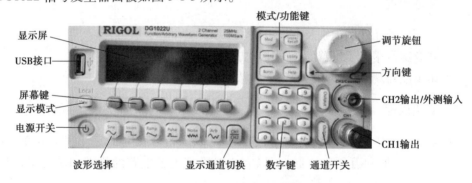

图 3-1-3　DG1022 信号发生器面板

TDS1001 数字示波器如图 3-1-4 所示,输出波形如图 3-1-5 所示。

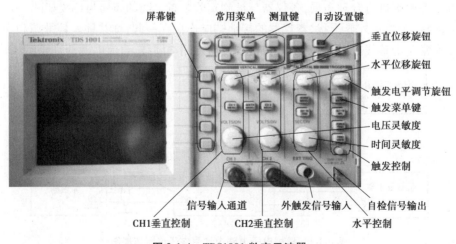

图 3-1-4　TDS1001 数字示波器

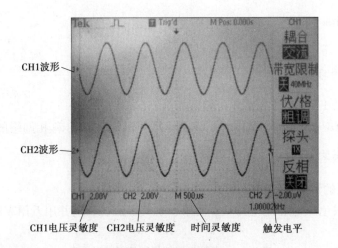

图 3-1-5　输出波形图

DS1072 数字示波器如图 3-1-6 所示。

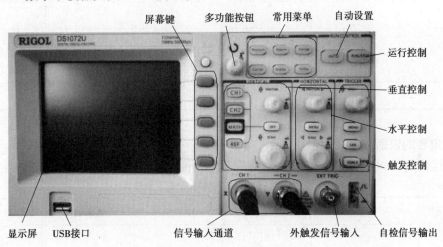

图 3-1-6　DS1072 数字示波器

RC 移相网络,如图 3-1-7 所示,其输出信号 u_o 表达式为:

$$u_o = \frac{R}{R + \dfrac{1}{j\omega C}} u_i = \frac{1}{1 - j\dfrac{1}{\omega RC}} u_i = \frac{1}{1 - j\dfrac{1}{2\pi fRC}} u_i$$

移相角　$\theta = \arctan \dfrac{1}{2\pi fRC}$

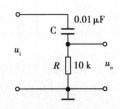

图 3-1-7　两波形间相
位差测量电路

3.1.3　实验设备与器件

①可调直流稳压电源　　　　　　1 台
②信号发生器　　　　　　　　　1 台
③双踪示波器　　　　　　　　　1 台
④数字万用表　　　　　　　　　1 块

⑤模拟电路实验箱　　　　　　　1台
⑥元器件　　　　　　　　　　　若干

3.1.4　实验预习要求

①阅读第 1 章 1.2,1.3 节有关电子仪器的内容。
②已知 $C=0.01$ μF、$R=10$ kΩ、$f=1$ kHz,计算图 3-1-2 中 RC 移相网络的阻抗角 θ。

3.1.5　实验内容

(1)色环电阻的识别与测试

任意给出几只色环电阻,按表 3-1-1 要求识别其阻值、误差,并用万用表测试相关参数,计算误差。

表 3-1-1　色环电阻的识别与测试记录表

色环	有效数字	倍乘	标称值	测量值	相对误差

(2)电容的识别与测试

任意给出几只电容,按表 3-1-2 要求识别其容量值,并用万用表测试相关参数,计算误差。

表 3-1-2　电容的识别与测试记录表

标记	有效数字	倍乘	标称值	测量值	相对误差

(3)二极管的识别与测试

任意给出几只二极管,按表 3-1-3 要求用万用表测试相关参数,并进行正确判断。

表 3-1-3　二极管测试记录表

型号	正向测试	反向测试	好坏判别	材料

(4)三极管的识别与测试

任意给出几只三极管,按表 3-1-4 要求用万用表测试相关参数,并进行正确判断。

表 3-1-4　三极管测试记录表

型号	b、e 正向	b、e 反向	b、c 正向	b、c 反向	好坏	类型	材料

（5）信号发生器、示波器、交流毫伏表的使用

调节信号发生器有关旋钮，以输出不同参数的正弦信号，并用示波器测量其参数，记入表 3-1-5 中。其中，V/div 为电压灵敏度，H 为被测信号波峰−波谷所占格数，SEC/div 为时间灵敏度，D 为被测信号一个周期所占格数。

表 3-1-5　实验记录表

信号频率	信号幅度	示波器测量值							
		V/div	H(峰峰值)	峰峰值	有效值	SEC/div	D	周期	频率

（6）测量两波形间相位差

按图 3-1-7 连接实验电路，从信号发生器输出频率为 1 kHz 的正弦波 u_i，经 RC 移相网络获得频率相同但相位不同的两路信号 u_i 和 u_o，用示波器的 CH1 和 CH2 通道分别观察 u_i 和 u_o，调节示波器相应旋钮，使 u_i，u_o 波形如图 3-1-8 所示。

根据两波形在水平方向差距格数 X 及信号一周期的格数 X_T，则可求得两波形相位差 $\theta_{测量值}$。

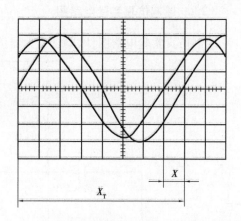

$$\theta_{测量值} = \frac{X(div)}{X_T(div)} \times 360°$$

式中　X_T——信号一周期所占格数

X——两波形在 X 轴方向差距格数

记录两波形相位差于表 3-1-6 中。

图 3-1-8　双踪示波器显示两相位不同的正弦波

表 3-1-6　相位差实验记录表

一周期格数 X_T	两波形 X 轴差距格数 X	相位差	
		实测值	理论值

3.1.6 思考题

①整理实验数据,计算实测值与标称值的相对误差,并对实验数据和实验中出现的问题进行分析、讨论。

②总结二极管、三极管的正确判别及测量方法。

③信号发生器有哪几种输出波形? 它的输出端能否短接?

④交流毫伏表是用来测量正弦波电压还是非正弦波电压? 它的表头指示值是被测信号的什么数值?

⑤用示波器测量直流信号和交流信号,在操作方法上有什么不同?

⑥万用表能否测量频率 1 kHz 以上的交流信号?

3.2 单管放大电路的仿真

3.2.1 新建并保存文件

①启动 Multisim 仿真软件。

②点击 Multisim 菜单栏中的“文件”→“另存为”,将系统默认生成的文件保存成为“单管放大电路”,保存位置由用户自行决定。

3.2.2 绘制仿真实验电路图

绘制仿真实验电路图,以单管放大器仿真电路为例,如图 3-2-1 所示。

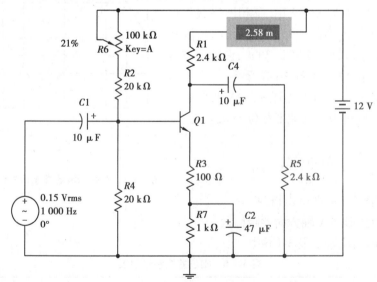

图 3-2-1 单管放大器仿真电路

3.2.3 静态工作点的调整与测试

(1) 用动态调试法测静态工作点

如图 3-2-3 接入示波器,点击工具栏上的▷按钮开始仿真,调整示波器的相关设置如图 3-2-2所示。

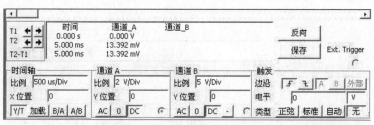

图 3-2-2 示波器相关设置

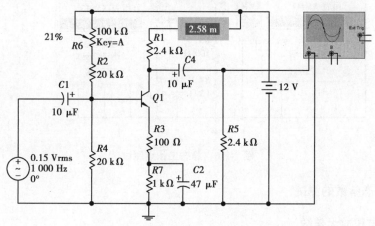

图 3-2-3 用示波器观察输出波形电路

反复调整输入信号 u_i 大小和电位器比例,使 u_o 达到最大不失真电压。当观察到 u_o 波形正、负半波各有轻微失真如图 3-2-4 时,认为静态工作点调整好了。将 u_i 的幅值减小一点,u_o 正、负半波失真同时消失如图 3-2-5,这时 u_o 达到最大不失真电压,即 u_{oppmax}。

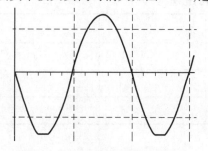

图 3-2-4 双向轻微失真输出波形

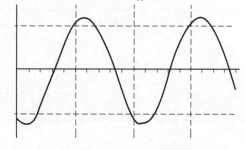

图 3-2-5 最大不失真输出波形

(2) 测试静态工作点

此时 $u_i = 0$,接入万用表,如图 3-2-6 所示。双击万用表图标,打开万用表控制面板,按照图 3-2-6 所示的设置,使万用表处于正确的挡位上。点击工具栏上的▷按钮开始仿真测试。此时三极管的静态工作点测试结果就直接显示在了万用表、毫安表上,将读出的测量数据记入

表3-2-1中,并计算 U_{BE}、U_{CE}。

表 3-2-1　静态工作点的测试

U_B/V	U_C/V	U_E/V	I_C/mA	U_{BE}/V	U_{CE}/V

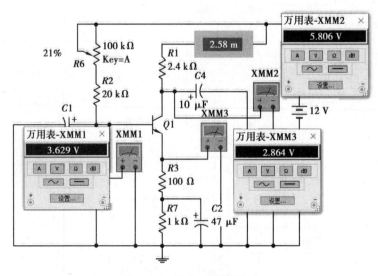

图 3-2-6　静态工作点测试

3.2.4　动态参数的测试

(1)测量电压放大倍数

测量电路如图 3-2-7 所示,按照表 3-2-2、表 3-2-3 的要求进行测量,通过示波器读取 u_i、u_o 的值(如图 3-2-8 所示),通过电流表读取静态电流 I_C 的值,总结 R_C、R_L、I_C 变化对放大倍数的影响。

表 3-2-2　R_C、R_L 对放大倍数的影响

R_C/kΩ	R_L/kΩ	u_i/V	u_o/V	A_v
2.4	∞			
2.4	2.4			
1.2	2.4			

表 3-2-3　I_C 变化对放大倍数的影响　　　　　　　　　　$u_i=$　　mV

I_C				
u_o				

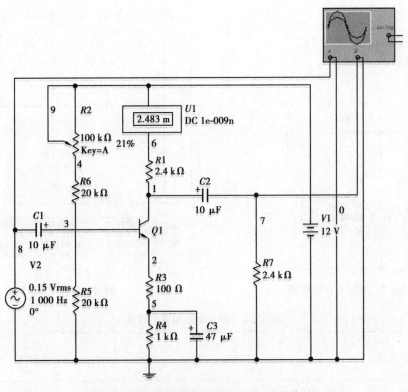

图 3-2-7　用示波器同时测量 u_i、u_o 波形电路

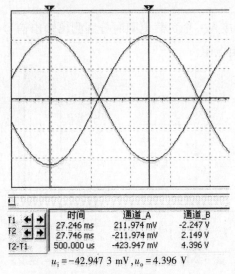

	时间	通道_A	通道_B
T1	27.246 ms	211.974 mV	-2.247 V
T2	27.746 ms	-211.974 mV	2.149 V
T2-T1	500.000 us	-423.947 mV	4.396 V

$u_i = -42.947\ 3\ \text{mV}, u_o = 4.396\ \text{V}$

图 3-2-8　示波器上读取 u_i、u_o 值

（2）测量输入电阻 R_i

在电路的输入端串入一个阻值合适的电阻图 3-2-9 中 $R8$，使用示波器测量该电阻两端的信号电压，利用电阻分压原理即可推算出放大电路的输入电阻。

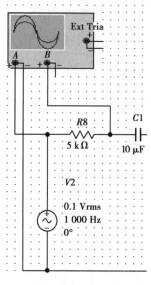

图 3-2-9　测输入电阻电路

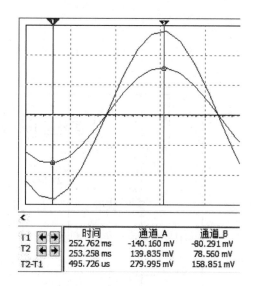

图 3-2-10　测输入电阻 u_s、u_i 波形

	时间	通道_A	通道_B
T1	252.762 ms	-140.160 mV	-80.291 mV
T2	253.258 ms	139.835 mV	78.560 mV
T2-T1	495.726 us	279.995 mV	158.851 mV

表 3-2-4　输入电阻测量记录表

u_S/mV	u_i/mV	R_i/kΩ

(3) 测量输出电阻 R_o

在电路的输出端开路、接入一个负载电阻时分别测出输出信号电压大小 u_o、u_L，利用电路分压原理测算出电路的输出电阻。

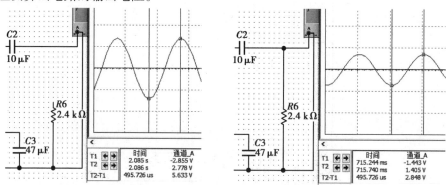

图 3-2-11　测输出电阻电路及 u_o、u_L 波形

表 3-2-5　输出电阻测量记录表

u_o/V	u_L/V	R_o/kΩ

（4）观察静态工作点对放大电路输出波形的影响

调节 u_i 的有效值为 0.18 V,将电位器的阻值百分比调整到 8%（此时电位器的电阻值较小）,启动仿真测试,虚拟示波器出现如图 3-2-12 所示的波形。

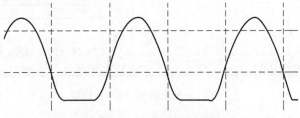

图 3-2-12　u_o 饱和失真波形

将电位器的阻值百分比调整到 80%（此时电位器的电阻值较大）,启动仿真测试,虚拟示波器出现如图 3-2-13 所示的波形。

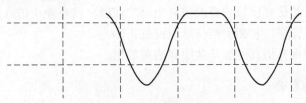

图 3-2-13　u_o 截止失真波形

（5）测量幅频特性

将电路静态工作点调整到最佳位置,接入扫频仪,纵坐标 V 选线性（Line）,横坐标 f 选对数（Log）,频率范围选 1 Hz ~ 10 GHz,观察幅频特性图 3-2-14 并测出截止频率 f_L 和 f_H,算出带宽:

$$BW = f_H - f_L$$

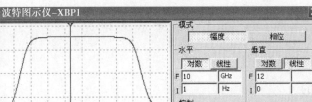

（a）通频带内参数读取

（b）下截止频率 f_L 处参数读取

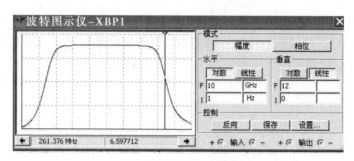

（c）上截止频率 f_H 处参数读取

图 3-2-14　幅频特性曲线

3.2.5　实验注意事项

①在进行任何新的仿真项目和修改仿真电路之前都应该先停止仿真。
②虚拟仪器的工作模式和相关挡位都应设置正确。
③在实验过程中保存仿真的屏幕截图和测量数据。

3.2.6　实验报告要求

①完成所有的实验项目，测量相关数据并记录。
②计算电路的理论静态工作点。
③分析并说明 u_o 出现的失真是由什么原因造成的。
④对试验中相应的数据示数和信号波形进行截图记录。
⑤保存实验过程中建立的仿真源文件。

3.3　单管放大电路

3.3.1　实验目的

①学会放大器静态工作点的调整和测试方法。
②观察并测定静态工作点变化对放大电路的电压放大倍数、波形失真的影响。
③掌握放大器电压放大倍数、输入电阻、输出电阻及幅频特性曲线的测试方法。

3.3.2　实验原理

图 3-3-1 所示为电阻分压式工作点稳定单管放大器实验电路图，它的偏置电路采用 R_{B1} 和 R_{B2} 组成的分压电路，并在发射极中接有电阻 R_E 以稳定放大器的静态工作点，当在放大器的输入端加入输入信号 u_i 后在放大器的输出端便可得到一个与 u_i 相位相反，幅值被放大了的输出信号 u_o，从而实现电压放大。

在图 3-3-1 电路中，当流过偏置电阻 R_{B1} 和 R_{B2} 的电流远大于晶体管的基极电流 I_B 时（一般 5~10 倍），则它的静态工作点可用下式估算。

$$U_B \approx \frac{R_{B1}}{R_{B1} + R_{B2}} U_{CC}$$

$$I_E \approx \frac{U_B - U_{BE}}{R_E} \approx I_C$$

$$U_{CE} = U_{CC} - I_C(R_C + R_{E1} + R_{E2})$$

电压放大倍数　$A_u = -\beta \dfrac{R_C \parallel R_L}{r_{be} + (1+\beta)R_{E1}}$

输入电阻　$R_i = R_{B1} \parallel R_{B2} \parallel [r_{be} + (1+\beta)R_{E1}]$

输出电阻　$R_o \approx R_C$

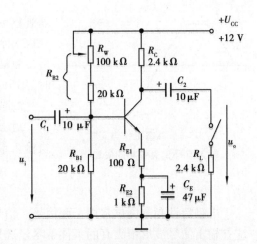

图 3-3-1　共射极单管放大器实验电路

(1)放大器静态工作点的调整与测试

1)静态工作点的调整

放大器静态工作点的调试是对管子集电极电流 I_C(或 U_{CE})的调整与调试。

静态工作点是否合适,对放大器的性能和输出波形都有很大影响。如工作点偏高,放大器在加入交流信号后易产生饱和失真,此时 u_o 的负半周将被削底,如图 3-3-2(a)所示;如工作点偏低则易产生截止失真,即 u_o 的正半周将被缩顶(一般截止失真不如饱和失真明显),如图 3-3-2(b)所示。这些情况都不符合不失真放大的要求。所以在选定工作点后还必须进行动态调试,即在放大器的输入端加入一定的输入电压 u_i,检查输出电压 u_o 的大小和波形是否满足要求。如不满足,则应调节静态工作点的位置。

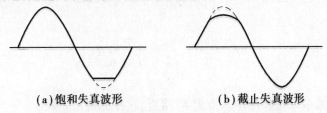

(a)饱和失真波形　　　　　　**(b)截止失真波形**

图 3-3-2　静态工作点对 u_o 波形失真的影响

改变电路参数 U_{CC}、R_C、$R_B(R_{B1}、R_{B2})$ 都会引起静态工作点的变化,但通常采用调节偏置电阻 R_{B2} 的方法来改变静态工作点。

2)静态工作点的测试

测量放大器的静态工作点,应在输入信号 $u_i = 0$ 的情况下进行,即将放大器输入端与地短接,然后用数字电压表分别测量晶体管的各电极对地的电位 U_B、U_C 和 U_E。并采用测量电压 U_C 或 U_E 计算出 I_C。

$$I_C \approx I_E = \frac{U_E}{R_{E2} + R_{E1}} \left(\text{也可根据 } I_C = \frac{U_{CC} - U_C}{R_C}, \text{由 } U_C \text{ 确定 } I_E \right)$$

同时也能算出 $U_{BE} = U_B - U_E$,$U_{CE} = U_C - U_E$。

(2)放大器动态指标的测试

1)最大动态范围 u_{oppmax} 的测试

如上所述,为了得到最大动态范围,应将静态工作点调在交流负载线的中点。为此在放大器正常工作情况下,逐渐增大输入信号的幅度,并同时调节 R_w(改变静态工作点),用示波

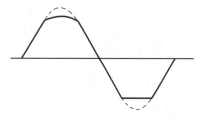

图 3-3-3　静态工作点正常，
输入信号太大引起的失真

器观察 u_o，当输出波形同时出现削底和缩顶现象（如图 3-3-3）时，说明静态工作点已经调在交流负载线的中点。然后反复调整输入信号，使波形输出幅度最大，且无明显失真时，用示波器测出 u_o 峰峰值即为最大动态范围 u_{oppmax}。

2）放大倍数的测试

放大倍数是模拟电路的最基本参数，它是电路输出量与输入量之比，即

$$A_u = \frac{u_o}{u_i}$$

电路特性参数测试常用正弦信号。信号频率应选择在被测电路的通频带中，信号的幅度应在输出信号波形不失真的条件下尽量选择大一些，以便减小干扰信号的影响。

3）输入电阻的测试

输入电阻的定义为输入信号的电压与电流之比，即

$$R_i = \frac{u_i}{i_i}$$

输入电阻是衡量电路从前级获取信号能力的重要参数，输入电阻越大，获取信号的能力越强。

为了测量放大器的输入电阻，按图 3-3-4 所示电路在被测放大器的输入端与信号源之间串入一已知电阻 R，在放大器正常工作的情况下，用示波器测出 u_s 和 u_i，则根据输入电阻的定义可得

$$R_i = \frac{u_i}{i_i} = \frac{u_i}{\dfrac{u_R}{R}} = \frac{u_i}{u_s - u_i}R$$

测量时 R 的阻值最好选择与输入电阻 R_i 接近，这样测量误差较小。

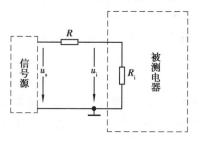

图 3-3-4　输入电阻测量示意图

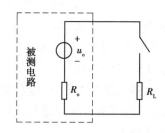

图 3-3-5　输出电阻测量示意图

4）输出电阻的测试

输出电阻是衡量电路驱动负载能力的重要参数，输出电阻越小，驱动负载的能力越强。

电路输出阻抗的测试原理如图 3-3-5 所示，在不接负载时测量输出电压为 u_o，然后接上负载 R_L，再测量输出电压为 u_L，则

$$R_O = \frac{u_o - u_L}{u_L}R_L$$

同样,选择 $R_L \approx R_0$ 可以减小测量误差。

5) 幅度—频率特性测试

电路的幅度—频率特性和通频带是一项重要参数,它反映电路对不同频率的响应特性。测试电路幅度—频率特性有点测法和扫频法两种常用的方法。这里给大家介绍点测法。

测试时,保持输入信号幅度不变,先选择一个中间频率 f_0,测量电路的输出信号幅度 u_0。然后改变信号的频率,测出每一频率对应的输出信号幅度,这样一点一点测下去,直到输出信号幅度下降较明显为止,在 f_0 的上下两个方向都测量完毕。最后在坐标纸上将这些测试点用曲线连接起来,就可以描绘出电路的幅度—频率特性曲线,如图 3-3-6 所示。这种方法能比较真实地描绘出电路的幅度—频率特性曲线,但操作比较麻烦。如果电路的特性较好,幅度—频率特性曲线比较简单,我们只需找出其中的 3 个特殊点,就可以描绘出整个幅度—频率特性曲线了,这就是所谓的三点法。

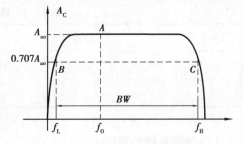

图 3-3-6　幅度—频率特性曲线

图 3-3-6 的 A 点为中间频率的一个点,以此为基础,连续调节信号源频率,观察电路输出幅度的变化。在低频和高频时,输出幅度都会下降,当输出幅度随频率变化而下降到 $0.707u_0$ 时,这个频率称为电路的截止频率。比 f_0 低的称为低频截止频率,比 f_0 高的称为高频截止频率,分别用 f_L 和 f_H 表示,即图中 B 点和 C 点所对应的频率。最后用圆滑曲线将这三点连接起来即可。

3.3.3　实验设备与器材

①信号发生器　　　　　　　　　　　1 台
②双踪示波器　　　　　　　　　　　1 台
③数字万用表　　　　　　　　　　　1 块
④模拟电路实验箱　　　　　　　　　1 台
⑤三极管 3DG6　　　　　　　　　　1 只
⑥电阻、电容元件　　　　　　　　　若干

3.3.4　实验预习要求

①怎样测量 R_{B2} 的阻值?

②当调节偏置电阻 R_{B2},使放大器输出波形出现饱和失真或截止失真时,晶体管的管压降 U_{CE} 怎样变化?

③改变静态工作点对放大器的输入电阻 R_i 有否影响?改变外接电阻 R_L 对输出电阻 R_0 有否影响?

④在测试 A_u、R_i 和 R_0 时怎样选择输入信号的大小和频率?为什么信号频率一般选 1 kHz,而不选 100 kHz 或更高?

⑤测试中,如果将信号发生器、交流毫伏表、示波器中任一仪器的 2 个测试端子接线换位(即各仪器的接地端不再连在一起),将会出现什么问题?

3.3.5　实验内容

按图 3-3-1 连接实验电路,为防止干扰,各仪器的公共端必须连在一起(共地)。

(1)静态工作点调整及测试

采用动态调试法调整静态工作点,测量晶体管各电极电位 U_B、U_E、U_C 和 R_{B2} 值,记入表 3-3-1中。注意:调好静态工作点以后,R_W 不得随意调整。

表 3-3-1　静态工作点实验记录表

测量值					计算值		
U_B/V	U_E/V	U_C/V	$R_{B2}/k\Omega$	I_C/mA	U_{BE}/V	U_{CE}/V	I_C/mA

(2)动态参数的测试

1)测量最大不失真输出电压

置 $R_C = 2.4\ k\Omega$,$R_L = \infty$,测出最大不失真输出电压 u_{oppmax}。

置 $R_C = 2.4\ k\Omega$,$R_L = 2.4\ k\Omega$,测出最大不失真输出电压 u_{oppmax}。

2)测量电压放大倍数

在 u_i 端加上 $f = 1\ kHz$ 正弦信号,调节输入信号幅度,用示波器同时观察 u_i、u_o,在输出波形不失真的条件下测出 u_i、u_o 的值记入表 3-3-2,并观察 u_i、u_o 的相位关系,绘出 u_i、u_o 波形。

表 3-3-2　基本放大电路实验记录表

$R_C/k\Omega$	$R_L/k\Omega$	u_i/V	u_o/V	A_u	观察记录一组 u_i、u_o 波形
2.4	∞				
2.4	2.4				
1.2	2.4				

3)测量输入电阻

在信号源输出端 u_s 与实验电路输入端 u_i 之间串联一已知电阻 R,测出 u_s、u_i 记入表3-3-3。

表 3-3-3　输入电阻测量记录表

u_s/mV	u_i/mV	$R_i/k\Omega$	
		测量值	理论值

4)测量输出电阻

置 $R_L = \infty$,在 u_i 端输入 $f = 1\ kHz$ 正弦信号,输出电压在不失真的情况下,测出 u_o;保持 u_i

不变,置 $R_L = 2.4\ \text{k}\Omega$,测量输出电压 u_L,记入表 3-3-4。

表 3-3-4 输出电阻测量记录表

u_o/V	u_L/V	$R_o/\text{k}\Omega$	
		测量值	理论值

5)测量幅频特性曲线

保持输入信号的幅度不变,改变信号源频率,用三点法测绘电路的幅频特性曲线,记入表 3-3-5。

表 3-3-5 幅频特性实验记录表 $\qquad u_i = \quad \text{mV}$

	f_L	f_0	f_H
f/kHz			
u_o/V			
$A_u = u_o/u_i$			

6)观察静态工作点(I_C 变化)对电压放大倍数的影响

表 3-3-6 I_C 变化对放大倍数的影响 $\qquad u_i = \quad \text{mV}$

U_E/V				
I_C/mA				
u_o/V				
A_u				

7)观察静态工作点(I_C 变化)对输出波形失真的影响

表 3-3-7 I_C 变化对输出波形失真的影响 $\qquad u_i = \quad \text{mV}$

I_C/mA	U_{CE}/V	u_o 波形	失真情况

3.3.6 实验总结

①列表整理实验结果,并把实测的静态工作点、电压放大倍数、输入电阻、输出电阻之值与理论计算值比较,分析产生误差的原因。

②总结 R_C、R_L 及静态工作点对放大器电压放大倍数、输入电阻、输出电阻的影响。

③讨论静态工作点变化对放大器输出波形的影响。

④根据测量数据绘出幅频特性曲线。

⑤总结该实验电路的性能及应用。

⑥分析讨论在调试过程中出现的问题。

3.4 射极跟随器

3.4.1 实验目的

①掌握射极跟随器的特性及测试方法。

②进一步学习放大器各项参数测试方法。

3.4.2 实验原理

射极跟随器的原理图如图 3-4-1 所示。它是一个电压串联负反馈放大电路，它具有输入电阻高、输出电阻低、电压放大倍数接近于 1、输出电压在较大范围内跟随输入电压作线性变化以及输入输出信号同相等特点。

射极跟随器的输出取自发射极，故称其为射极输出器。

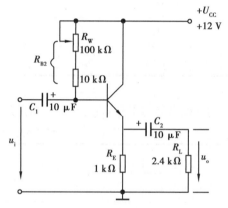

图 3-4-1　射极跟随器实验电路

图 3-4-1 所示电路，输入电阻为 $R_i = r_{be} + (1 + \beta)R_E$

如考虑偏置电阻 R_B 和负载电阻 R_L 的影响，则　$R_i = R_B \| [r_{be} + (1+\beta)(R_E \| R_L)]$

由上式可知射极跟随器的输入电阻 R_i 比共射极单管放大器的输入电阻 $R_i = R_B \| r_{be}$ 要高得多，但由于偏置电阻 R_B 的分流作用，输入电阻难以进一步提高。

输出电阻为　　　　　　　$R_o = \dfrac{r_{be}}{\beta} \| R_E \approx \dfrac{r_{be}}{\beta}$

若考虑信号源内阻 R_S，则　$R_o = \dfrac{r_{be} + (R_S \| R_B)}{\beta} \| R_B \approx \dfrac{r_{be} + (R_S \| R_B)}{\beta}$

由上式可知射极跟随器的输出电阻 R_o 比共射极单管放大器的输出电阻 $R_o \approx R_C$ 低很多。三极管的 β 越高，输出电阻越小。

电压放大倍数为　　　　$A_u = \dfrac{(1 + \beta)(R_E \| R_L)}{r_{be} + (1 + \beta)(R_E \| R_L)} \leqslant 1$

上式说明射极跟随器的电压放大倍数小于但接近于 1，且为正值，这是深度电压负反馈的结果。它的射极电流仍比基极大 $(1+\beta)$ 倍，所以它具有一定的电流和功率放大作用。

电压跟随范围是指射极跟随器输出电压 u_o 跟随输入电压 u_i 作线性变化的区域。当 u_i 超过一定范围时，u_o 不能跟随 u_i 作线性变化，即 u_o 波形产生了失真。为了使输出电压 u_o 正、负半周对称,并充分利用电压跟随范围,静态工作点应选择在交流负载线的中点,测量时可直接用示波器读取 u_o 的峰值,即电压跟随范围。

3.4.3　实验设备与器材

①信号发生器　　　　　　　　　　　　1台
②双踪示波器　　　　　　　　　　　　1台
③数字万用表　　　　　　　　　　　　1块
④模拟电路实验箱　　　　　　　　　　1台
⑤三极管 9013　　　　　　　　　　　 1只
⑥电阻、电容元件　　　　　　　　　　若干

3.4.4　实验预习要求

①复习射极跟随器的工作原理。
②用 Multisim 仿真软件对射极跟随器电路进行如下内容仿真(仿真方法同小节 3.2)。
a.静态工作点的调整测试
b.测量电压放大倍数 A_V(接入负载 $R_L = 1\ \text{k}\Omega$)
c.测量输入电阻 R_i
d.测量输出电阻 R_o
e.测试幅频特性

3.4.5　实验内容

(1)静态工作点的调整
采用动态调试法调整静态工作点,然后置 $u_i = 0$,测量静态参数,记入表 3-4-1 中。

表 3-4-1　静态工作点记录表

U_B/V	U_E/V	U_C/V	I_E/mA

(2)测量电压放大倍数 A_u
接入负载 $R_L = 1\ \text{k}\Omega$,在 B 点加入 $f = 1\ \text{kHz}$ 正弦信号 u_i,调节输入信号幅度,用示波器观察输入波形 u_i 和输出波形 u_o,在最大不失真情况下,测出 u_i 和 u_o 的峰峰值,记入表 3-4-2 中。

表 3-4-2　输入、输出电压值记录表

u_i/V	u_o/V	A_u

(3)测量输入电阻 R_i,记入表 3-4-3 中

表 3-4-3　测量输入电阻记录表

u_s/V	u_i/V	$R_i/\text{k}\Omega$

(4) 测量输出电阻 R_o,记入表 3-4-4 中

表 3-4-4 测量输出电阻记录表

u_o/V	u_L/V	$R_o/k\Omega$

(5) 测试跟随特性

接上负载电阻 $R_L = 1\ k\Omega$,在 B 点加入 $f = 1\ kHz$ 正弦信号 u_i,逐渐增大信号 u_i 的幅度,用示波器观察输出波形直至输出波形达到最大不失真,逐点测出 u_i 和 u_L,记入表 3-4-5 中。

表 3-4-5 跟随特性记录表

u_i/V							
u_L/V							

(6) 测试幅频特性曲线

测试方法同小节 3.3,数据记入表 3-4-6 中。

表 3-4-6 幅频特性记录表　　　　　　　$u_i = $　　mV

	f_L	f_0	f_H
f/kHz			
u_o/V			
$A_v = u_o/u_i$			

注意保持 u_i 的幅度不变。

3.4.6 实验报告

①整理实验数据,并画出 $u_L = f(u_i)$ 和 $u_L = f(f)$ 曲线。

②总结射极跟随器的性能和特点。

③分析讨论在调试过程中出现的问题。

3.5 负反馈放大器

3.5.1 实验目的

加深理解放大电路中引入负反馈的方法和负反馈对放大器各项性能指标的影响。

3.5.2 实验原理

图 3-5-1 为本次实验的电路图。

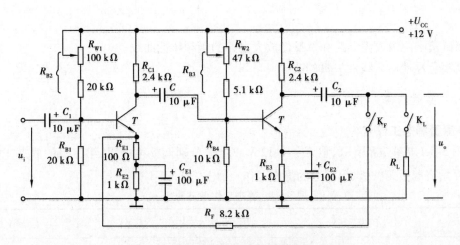

图 3-5-1　带有负反馈的两级阻容耦合放大器

图 3-5-1 断开 K_F 为基本两级阻容耦合放大电路,由于耦合电容 C_1、C_2、C_3 的隔直作用,各级之间的直流工作状态是完全独立的,因此可以分别单独调整。但是,对于交流信号,各级之间有密切的联系,前级的输出电压就是后级的输入信号,因此两级放大器的总电压放大倍数等于各级放大倍数的乘积,$A_u = A_{u1} \cdot A_{u2}$,同时后级的输入阻抗也就是前级的负载。

负反馈在电子电路中有着非常广泛的应用,虽然它使放大器的放大倍数降低,但能在多方面改善放大器的动态参数,如稳定放大倍数、改变输入输出电阻、减小非线性失真和展宽通频带等。因此,几乎所有的实用放大器都带有负反馈。负反馈放大器有 4 种组态,即电压串联、电压并联、电流串联、电流并联。图 3-5-1 中闭合 K_F 就构成了负反馈放大器,在电路中通过 R_f 把输出电压 U_o 引回到输入端,加在晶体管 T_1 的发射极,在发射极 R_{E1} 上形成反馈电压 U_f,根据反馈的判别法可知,它属于电压串联负反馈。本次实验以电压串联负反馈为例,分析负反馈对放大器各项性能指标的影响。

3.5.3　实验设备与器材

①信号发生器　　　　　　　　　　　　1 台
②双踪示波器　　　　　　　　　　　　1 台
③数字万用表　　　　　　　　　　　　1 块
④模拟电路实验箱　　　　　　　　　　1 台
⑤三极管 9011、9013　　　　　　　　　各 1 只
⑥电阻、电容元件　　　　　　　　　　若干

3.5.4　实验预习要求

①复习教材中有关负反馈放大器的内容。
②怎样判断放大器是否存在自激振荡? 如何进行消振?
③如果输入信号存在失真,能否用负反馈来改善?
④用 Multisim 仿真软件对负反馈电路进行如下仿真。
a.调整基本两级放大电路的静态工作点并测试静态参数。
b.测量基本两级放大电路和负反馈放大电路的电压放大倍数 A_V、输入电阻 R_i、输出电

阻 R_o。

c.测试基本两级放大电路和负反馈放大电路的幅频特性曲线。

d.观察负反馈对非线性失真的改善。

3.5.5 实验内容

(1)测量静态工作点

按图 3-5-1 接线,断开 K_F,取 $U_{CC} = +12 \text{ V}$,$V_i = 0$,分别调整第一级、第二级的静态工作点,用数字万用表测量第一级、第二级的静态工作点,记入表 3-5-1 中。

表 3-5-1　静态工作点记录表

	U_B/V	U_E/V	U_C/V	I_C/mA
第一级				
第二级				

(2)测量基本放大器的各项性能指标

将图 3-5-1 中的 K_F 断开后进行如下操作。

①测量中频电压放大倍数 A_u,输入电阻 R_i 和输出电阻 R_o。

表 3-5-2　放大电路各性能参数记录表

	u_s/mV	u_i/mV	u_L/V	u_o/V	A_u	$R_i/k\Omega$	$R_o/k\Omega$
基本放大器							
负反馈放大器							

②测量通频带

用三点法测出上、下限频率点 f_H 和 f_L,记入表 3-5-3 中。

表 3-5-3　频率测试记录表

	f_L/kHz	f_H/kHz	BW/kHz
基本放大器			
负反馈放大器			

(3)测试负反馈放大器的各项性能指标

将图 3-5-1 中的 K_F 闭合,构成负反馈放大器。测量负反馈放大器的 A_{uf}、R_{if} 和 R_{of},记入表 3-5-2 中;测量 f_H 和 f_L,记入表 3-5-3 中。

(4)观察负反馈对非线性失真的改善

①实验电路接成基本放大器,在输入端加入 $f = 1 \text{ kHz}$ 的正弦信号,输出端接示波器,逐渐增大输入信号的幅度,使输出波形出现失真,记录此时的波形和输出电压的幅度。

②再将实验电路接成负反馈放大器的形式,观察输出波形的变化。

3.5.6　实验报告

①整理实验数据,并进行相应的计算、分析。
②分别画出两级基本放大电路和负反馈放大电路的幅频特性曲线。
③比较两种放大电路的实验结果,说明放大器引入负反馈后有何优点?

3.6　差动放大器

3.6.1　实验目的

①加深对差动放大器性能及特点的理解。
②掌握差动放大器主要性能指标的测试方法。

3.6.2　实验原理

图 3-6-1 是差动放大器的基本结构。它由两个组件参数相同的基本共射极放大电路组成。当开关 K 拨向左边时,构成典型的差动放大器。调零电位器 R_p 用来调节 VT_1、VT_2 三极管的静态工作点,使得输入信号 $u_i = 0$ 时,双端输出电压 $u_o = 0$。R_E 为两管共用的发射极电阻,它对差模信号无反馈作用,因而不影响差模电压放大倍数,但对共模信号有较强的反馈作用,故可有效地抑制零漂,稳定静态工作点。

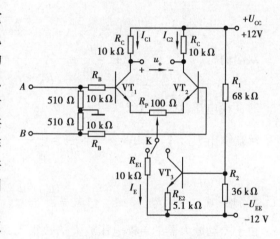

图 3-6-1　差动放大器实验电路

当开关 K 拨向右边时,构成具有恒流源的差动放大器。它用晶体管恒流源代替发射极电阻 R_E,可以进一步提高差动放大器抑制共模信号的能力。

差模输入是指在差动放大器的两个输入端加入数值相等、极性相反的两个信号;共模输入是指在差动放大器的两个输入端加数值相等、极性相同的两个信号。

(1)**静态工作点的估算**

典型电路

$$I_E \approx \frac{|U_{EE}| - U_{BE}}{R_E}$$

$$I_{C1} = I_{C2} = \frac{1}{2}I_E$$

恒流源电路　　　　$$I_{C3} \approx I_{E3} \approx \frac{\dfrac{R_2}{R_1 + R_2}(U_{CC} + |U_{EE}|) - U_{BE}}{R_{E3}}$$

$$I_{C1} = I_{C2} = \frac{1}{2}I_{C3}$$

（2）输入输出信号的连接方式

①单端输入：在一个输入端与地之间加有输入信号，另一个输入端接地。

②双端输入：在两个输入端与地之间都加有输入信号。

③单端输出：在 VT_1 或 VT_2 管集电极与地之间输出。

④双端输出：在 VT_1 和 VT_2 管集电极之间输出。

⑤差动放大器共有 4 种输入输出信号的连接方式：单端输入—单端输出、单端输入—双端输出、双端输入—单端输出、双端输入—双端输出。

（3）差模电压放大倍数和共模电压放大倍数

1）差模电压放大倍数

当差动放大器的射极电阻 R_E 足够大，或采用恒流源电路时，差动电压放大倍数 A_d 由输出端方式决定，而与输入方式无关。

单端输出

$$A_{d1} = \frac{u_{c1}}{u_i} = \frac{-\beta R_C}{2(R_B + r_{be})}$$

$$A_{d2} = \frac{u_{c2}}{u_i} = \frac{\beta R_C}{2(R_B + r_{be})}$$

双端输出

$$A_d = \frac{u_o}{u_i} = -\frac{\beta R_C}{R_B + r_{be} + \frac{1}{2}(1 + \beta)R_P}$$

2）共模电压放大倍数

单端输出

$$A_{c1} = A_{c2} = \frac{u_{c1}}{u_i} = \frac{u_{c2}}{u_i} = \frac{-\beta R_C}{R_B + r_{be} + (1 + \beta)\left(\frac{1}{2}R_P + 2R_E\right)} \approx -\frac{R_C}{2R_E}$$

双端输出

$$A_c = \frac{u_o}{u_i} = \frac{u_{c1} - u_{c2}}{u_i} = 0$$

由于差动放大器的差模电压放大倍数很大，共模放大倍数很小，因此可以认为放大器只放大输入信号中的差模分量。

（4）共模抑制比

差动放大器的共模抑制比为差模电压放大倍数与共模放大倍数之比。计算图 3-6-1 所示电路中的共模抑制比。

单端输出

$$K_{CMRR} = \left|\frac{A_{d1}}{A_{c1}}\right| = \left|\frac{A_{d2}}{A_{c2}}\right| \approx \frac{\beta R_E}{R_B + r_{be}}$$

双端输出

$$K_{CMRR} = \left|\frac{A_d}{A_c}\right| = \infty$$

工程上，共模抑制比一般采用分贝（dB）表示，即 $CMRR = 20\ Log\left|\frac{A_d}{A_c}\right|$（dB）

3.6.3　实验设备与器材

①信号发生器　　　　　　　　　　　　1 台

②双踪示波器　　　　　　　　　　　　1 台
③数字万用表　　　　　　　　　　　　1 块
④模拟电路实验箱　　　　　　　　　　1 台
⑤三极管 9011　　　　　　　　　　　　2 只
⑥三极管 9013　　　　　　　　　　　　1 只
⑦电阻、电容元件　　　　　　　　　　若干

3.6.4　实验预习要求

①根据实验电路参数,估算典型差动放大器和具有恒流源的差动放大器的静态工作点及差模电压放大倍数(取 $\beta_1 = \beta_2 = 100$)。

②测量静态工作点时,放大器输入端 A、B 与地应如何连接?

③实验中怎样获得双端输入信号? 怎样获得共模信号? 画出 A、B 端与信号源之间的连线图。

④怎样进行静态调零? 用什么仪表测 u_o?

⑤怎样用示波器(或交流毫伏表)测双端输出电压 u_o?

⑥用 Multisim 仿真软件对差动放大器中所有实验内容进行仿真。

3.6.5　实验内容

(1)开关 K 拨向左边,测试典型差动放大器的性能

1)调整、测量静态工作点

将放大器输入端 A、B 与地短接,接通±12 V 直流电源,用万用表测量输出电压 u_o,调节调零电位器 R_p,使 $u_o = 0$。调节要仔细,力求准确。用万用表测量三极管各电极电位及射极电阻两端电压,记入表 3-6-1 中。

表 3-6-1　静态工作点记录表

	U_{C1}/V	U_{B1}/V	U_{E1}/V	U_{C2}/V	U_{B2}/V	U_{E2}/V	U_{RE}/V
测量值							
计算值	$I_{C1} = I_{C2} = \dfrac{U_{CC} - U_C}{R_C}$ （mA）						

2)测量差模电压放大倍数

在输入端加差模信号,在输出波形无失真的情况下,用示波器测 u_i,u_{c1},u_{c2},并比较 u_i 和 u_{c1},u_i 和 u_{c2} 之间的相位关系,记入表 3-6-2 中。

3)测量共模电压放大倍数

在输入端加共模信号,在输出电压无失真的情况下,用示波器测量 u_i、u_{c1}、u_{c2} 之值,并比较 u_i 和 u_{c1},u_i 和 u_{c2} 之间的相位关系,记入表 3-6-2 中。

表 3-6-2　差动放大器动态性能记录表

	典型差动放大器		恒流源差动放大器	
	差模输入	共模输入	差模输入	共模输入
u_i				
u_{c1}/V				
u_{c2}/V				
u_o				
A_{d1}				
A_{d2}				
A_d				
A_{c1}				
A_{c2}				
A_c				
K_{CMRR}				

（2）具有恒流源的差动放大电路性能测试

将图 3-6-1 电路中开关 K 拨向右边,构成具有恒流源的差动放大电路,测量差模放大倍数、共模放大倍数,记入表 3-6-2 中。

3.6.6　实验总结

①整理实验数据,计算静态工作点和差模电压放大倍数、共模放大倍数。

②自拟表格比较实验结果和理论估算值,分析误差原因。

③典型差动放大器 CMRR 实测值与具有恒流源的差动放大器 CMRR 实测值比较。

④比较差模输入和共模输入方式下 u_i 和 u_{c1} ,u_{c2} 之间的相位关系。

3.7　模拟运算电路

3.7.1　实验目的

①掌握集成运算放大器的正确使用方法。

②熟悉由运算放大器组成的负反馈放大电路的特性和设计方法。

③进一步掌握电压增益、输入电阻、输出电阻及频率特性的测试方法。

3.7.2　实验原理

集成运算放大器是一种具有高电压放大倍数的直接耦合多级放大电路。当外部接入不同的线性或非线性元器件组成输入和负反馈电路时,可以灵活地实现各种特定的函数关系。在线性应用方面,可以组成比例、加法、减法、积分、微分等模拟运算电路。

(1)理想运放在线性应用时的两个重要特性

①输出电压 u_o 与输入电压 u_i 之间满足关系式

$$u_o = A_{ud}(u_+ - u_-)$$

由于 $A_{ud} = \infty$,而 u_o 为有限值,因此, $u_+ 、 -u_- \approx 0$。即 $u_+ \approx u_-$,称为"虚短"。

②由于 $R_i = \infty$,故流进运放两个输入端的电流可视为零,即 $I_{IB} = 0$,称为"虚断"。这说明运放对其前级吸取电流极小。

上述两个特性是分析理想运放应用电路的基本原则,可简化运放电路的计算。

(2)基本运算电路的形式

①反相比例运算电路如图 3-7-1 所示。

$$u_o = -\frac{R_F}{R_1}u_i$$

为了减小输入级偏置电流引起的运算误差,在同相输入端应接入平衡电阻 $R_2 = R_1 \parallel R_F$。

②同相比例运算电路如图 3-7-2 所示。

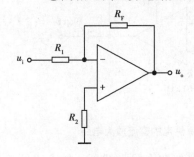

图 3-7-1　反相比例运算电路　　　图 3-7-2　同相比例运算电路　　　图 3-7-3　电压跟随器

$$u_o = \left(1 + \frac{R_F}{R_1}\right) u_i \quad R_2 = R_1 \parallel R_F$$

③电压跟随器。

当图 3-7-2 中 $R_1 \to \infty$ 时, $u_o = u_i$,即得到如图 3-7-3 所示的电压跟随器。图中 $R_2 = R_F$,用以减小漂移和起保护作用。一般 R_F 取 10 kΩ, R_F 太小起不到保护作用,太大则影响跟随性。

④反相加法运算电路如图 3-7-4 所示,输出电压与输入电压之间的关系为

$$u_o = -\left(\frac{R_F}{R_1}u_{i1} + \frac{R_F}{R_2}u_{i2}\right) \quad R_3 = R_1 \parallel R_2 \parallel R_F$$

⑤差动放大电路(减法器)。对于图 3-7-5 所示的减法运算电路,当 $R_1 = R_2$, $R_3 = R_F$ 时,有如下关系式

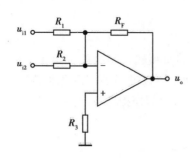

图 3-7-4　反相加法运算电路

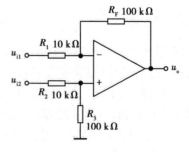

图 3-7-5　减法运算电路

$$u_{o} = \frac{R_{F}}{R_{1}}(u_{i2} - u_{i1})$$

⑥积分运算电路电路如图 3-7-6 所示。积分器可以对周期性连续变化的电压波形进行积分,从而起到波形变换作用。本次实验是将方波转换成三角波。R_f 起放电作用,防止积分器永远保持在某一饱和状态。在理想条件下,输出电压与输入电压的关系式

$$u_{o} = -\frac{1}{R_{1}C}\int u_{i}\mathrm{d}t$$

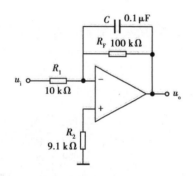

图 3-7-6　积分运算电路

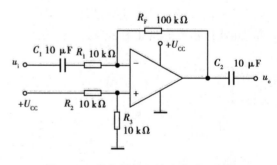

图 3-7-7　单电源供电的交流放大电路

⑦单电源供电的交流放大电路如图 3-7-7 所示,运算放大器的两个输入端必须加直流偏压。为使电路输出电压的动态范围最大,一般要求运算放大器的输出端和两个输入端的直流偏压等于电源电压的一半,即为 $\frac{1}{2}U_{CC}$。由于运算放大器的输出端和输入端的直流电压不为零,所以需要采用电容耦合方式。

3.7.3　实验设备与器材

①信号发生器　　　　　　　　　1 台
②双踪示波器　　　　　　　　　1 台
③数字万用表　　　　　　　　　1 块
④模拟电路实验箱　　　　　　　1 台
⑤uA741　　　　　　　　　　　1 块
⑥电阻、电容元件　　　　　　　若干

3.7.4　实验预习要求

①复习集成运放线性应用部分的内容,并根据要求设计并计算各元件参数。

②在反相加法器中,如 u_{i1} 和 u_{i2} 均采用直流信号,并选定 $u_{i2} = -1$ V,当考虑到运算放大器的最大输出幅度(± 12 V)时,计算 u_{i1} 大小的范围是多少?

③在积分电路中,如 $R = 100$ kΩ,$C = 4.7$ μF,$u_i = 0.5$ V,要使输出电压 u_o 达到 5 V,需多长时间[设 $u_c(0) = 0$]?

④为了不损坏集成块,实验中应注意什么问题?

⑤用 Multisim 仿真软件对实验内容进行仿真,打印出仿真电路图和仿真结果。

3.7.5　实验内容

实验前要看清运放组件各管脚的位置:切忌正、负电源极性接反和输出端短路,否则将会损坏集成块。

(1)反相比例放大电路

①设计一反相放大电路,实现 $u_o = -10u_i$,并连接电路,接通 ± 12 V 电源,调零。

②输入正弦信号,用示波器测量 u_i 和 u_o,并比较它们的相位关系,记入表 3-7-1。

表 3-7-1　反相放大电路记录表　　　　　$u_i =$ 　V,$f =$

	电压值/V	波形	A_u	
			实测值	计算值
u_i				
u_o				

③测量该电路输入电阻、输出电阻、幅频特性(自拟表格记录实验数据)。

(2)同相放大电路

设计一同相放大电路,实现 $u_o = 11u_i$,将测试结果记入表 3-7-2。

表 3-7-2　同相放大电路记录表　　　　　$u_i =$ 　V,$f =$

	电压值/V	波形	A_u	
			实测值	计算值
u_i				
u_o				

(3)电压跟随器,将测试结果记入表 3-7-3

表 3-7-3　电压跟随器实验记录表　　　　　$u_i =$ 　V,$f =$

	电压值/V	波形	A_u	
			实测值	计算值
u_i				
u_o				

（4）反相加法运算电路

设计一个反相加法运算电路，实现 $u_o = -(10u_{i1} + 10u_{i2})$，加直流输入信号 u_{i1}、u_{i2}（数值自定，但要保证运放工作在线性区），测量输入电压 u_{i1}、u_{i2} 及输出电压 u_o 并自拟表格记录。

（5）减法运算电路

设计一个减法运算电路，实现 $u_o = 10(u_{i2} - u_{i1})$，加直流输入信号 u_{i1}、u_{i2}（数值自定，但要保证运放工作在线性区），测量输入电压 u_{i1}、u_{i2} 及输出电压 u_o 并自拟表格记录。

（6）积分运算电路

按图 3-7-6 接好实验电路，输入方波信号 u_i，用示波器观察 u_i 和 u_o 波形并记录。

（7）设计一个由运算放大器组成的单电源供电的交流放大电路，指标要求如下：

电压放大倍数为 10

输入电阻不低于 10 kΩ

$$f_L \leq 10 \text{ Hz}, f_H \geq 100 \text{ kHz}$$

测试所设计的电路的相关数据，自拟表格记录。

3.7.6　实验总结

①整理实验数据，画出波形图（注意波形间的相位关系）。

②将理论计算结果和实测数据相比较，分析产生误差的原因。

③总结运放构成的放大器的性能特点。

④分析讨论实验中出现的现象和问题。

3.8　电压比较器

3.8.1　实验目的

①掌握电压比较器的电路构成及特点。

②学会测试比较器的方法。

3.8.2　实验原理

电压比较器是集成运放非线性应用电路，它将一个模拟量电压信号和一个参考电压相比较，在二者幅度相等的附近，输出电压将产生跃变，相应地输出高电平或低电平。比较器可以组成非正弦波形变换电路及应用于模拟与数字信号转换等领域。

图 3-8-1（a）所示为一最简单的电压比较器，U_R 为参考电压，加在运放的同相输入端，输入电压 u_i 加在反相输入端。

当 $u_i < U_R$ 时，运放输出高电平，稳压管 VD_Z 反向稳压工作。输出端电位被其箝位在稳压管的稳定电压 U_z，即 $u_o = U_z$。

当 $u_i > U_R$ 时，运放输出低电平，VD_Z 正向导通，输出电压等于稳压管的正向压降 U_D，即 $u_o = U_D$。

因此，以 U_R 为界，当输入电压 u_i 变化时，输出电压反映出两种状态，高电位和低电位。

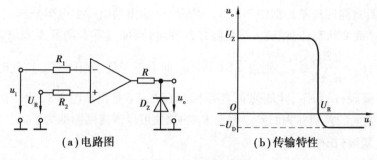

（a）电路图　　　　（b）传输特性

图 3-8-1　电压比较器

表示输出电压与输入电压之间关系的特性曲线,称为传输特性。图 3-8-1（b）为图 3-8-1（a）的传输特性。

常用的电压比较器有过零比较器、具有滞回特性的过零比较器、双限比较器（又称窗口比较器）等。

（1）过零比较器

电路如图 3-8-2（a）所示为加限幅电路的过零比较器,VD_Z 为限幅稳压管。信号从运放的反相输入端输入,参考电压为零,从同相端输入。当 $u_i > 0$ 时,输出 $u_o = -(U_Z + U_D)$;当 $u_i < 0$ 时,$u_o = +(U_Z + U_D)$。其电压传输特性如图 3-8-2（b）所示。

过零比较器结构简单,灵敏度高,但抗干扰能力差。

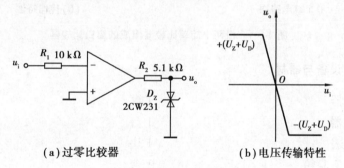

（a）过零比较器　　　　（b）电压传输特性

图 3-8-2　过零比较器

（2）滞回比较器

图 3-8-3（a）所示为具有滞回特性的过零比较器。

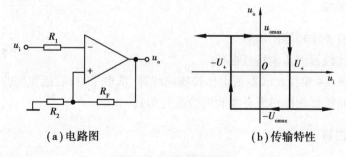

（a）电路图　　　　（b）传输特性

图 3-8-3　滞回比较器

过零比较器在实际应用时,如果 u_i 恰好在过零值附近,则由于零点漂移的存在,u_o 将不断地由一个极限值转换到另一个极限值,这在控制系统中,对执行机构是很不利的。为此,就需要输出特性具有滞回现象。如图3-8-3(a)所示,从输出端引一个电阻分压正反馈支路到同相输入端,若 u_o 改变状态,同相输入端也随之改变电位,使过零点离开原来位置。当 u_o 为正(记作 u_{omax})时,$U_+ = \dfrac{R_2}{R_F+R_2} u_{omax}$,则当 $u_i > U_+$ 后,u_o 即由正变负(记作 $-u_{omax}$),此时 U_+ 变为 $-U_+$。故只有当 u_i 下降到 $-U_+$ 以下,才能使 u_o 再度回升到 U_+,于是出现图3-8-3(b)中所示的滞回特性。$-U_+$ 与 U_+ 之间的差别称为回差。改变 R_2 的数值可以改变回差的大小。

(3)窗口(双限)比较器

简单的比较器仅能鉴别 u_i 比参考电压 U_R 高或低的情况,窗口比较电路是由两个简单比较器组成,如图3-8-4(a)所示,它能指示出 u_i 值是否处于 U_R^+ 或 U_R^- 之间。如果 $U_R^- < u_i < U_R^+$,窗口比较器的输出电压 u_o 为高电平 u_{omax};如果 $u_i < U_R^-$ 或 $u_i > U_R^+$,则输出电压 u_o 为低电平 $-u_{omax}$。

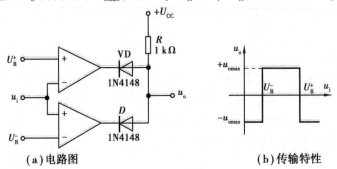

(a)电路图 　　　　　(b)传输特性

图3-8-4　由两个简单比较器组成的窗口比较器

3.8.3　实验设备与器材

①信号发生器　　　　　　　　　　　1台
②双踪示波器　　　　　　　　　　　1台
③数字万用表　　　　　　　　　　　1块
④模拟电路实验箱　　　　　　　　　1台
⑤uA741　　　　　　　　　　　　　2块
⑥电阻、电容元件　　　　　　　　　若干

3.8.4　预习要求

①复习教材有关比较器的内容。
②画出各类比较器的传输特性曲线。
③若要将图3-8-4窗口比较器的电压传输曲线高、低电平对调,应如何改动比较器电路。
④用Multisim仿真软件对所有实验内容进行仿真。

3.8.5　实验内容

(1)过零比较器

实验电路如图3-8-2所示。

①u_i 输入1 kHz、幅值为2 V的正弦信号,观察 $u_i \rightarrow u_o$ 波形并记录。

②u_i 为可调直流信号,改变 u_i 幅值,测量 u_o,绘出传输特性曲线。测量 u_i 悬空时的 u_o 值。

(2)反相滞回比较器

实验电路如图 3-8-5 所示。

①按图 3-8-5 接线,u_i 接+5 V 可调直流电源,测出 u_o 由 $+u_{omcx} \rightarrow -u_{omcx}$ 时 u_i 的临界值。

②同上,测出 u_o 由 $-u_{omcx} \rightarrow +u_{omcx}$ 时 u_i 的临界值。

③u_i 接 1 kHz,峰值为 2 V 的正弦信号,观察并记录 $u_i \rightarrow u_o$ 波形。

④将分压支路 100 kΩ 电阻改为 200 kΩ,重复上述实验,测定传输特性。

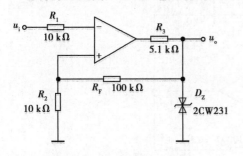

图 3-8-5　反相滞回比较器　　　　　　图 3-8-6　同相滞回比较器

(3)同相滞回比较器

实验电路如图 3-8-6 所示。

①参照反相滞回比较器的实验内容,自拟实验步骤及方法。

②将结果与 2 进行比较。

*(4)窗口比较器

参照图 3-8-4,自拟实验步骤和方法测定其传输特性。

3.8.6　实验总结

①整理实验数据,绘制各类比较器的传输特性曲线。

②总结几种比较器的特点,阐明它们的应用。

3.9　波形产生电路

3.9.1　实验目的

①学习用集成运放构成正弦波振荡电路的方法。

②学习用集成运放构成方波和三角波振荡电路的方法。

③学习波形产生电路的调整和主要性能指标的测试方法。

3.9.2　实验原理

由集成运放构成的正弦波、方波和三角波发生器有多种形式,本实验选用最常用的,线路比较简单的几种加以分析。

（1）RC 桥式正弦波振荡器

图 3-9-1 所示为 RC 桥式正弦波振荡器。其中 RC 串、并联电路构成正反馈支路，以产生自激振荡，同时兼作选频网络。R_1，R_2，R_w 及二极管等元件构成负反馈和稳幅环节。调节电位器 R_w，可以改变负反馈深度，以满足振荡的振幅条件和改善波形。利用两个反向并联二极管 VD_1、VD_2 正向电阻的非线性来实现稳幅。R_3 的接入是为了削弱二极管非线性的影响，以改善波形失真。

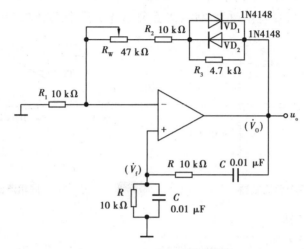

图 3-9-1　RC 桥式正弦波振荡器

1）RC 串并联选频网络的选频特性

RC 串并联选频网络如图 3-9-1 所示，令 RC 并联的阻抗为 Z_1，RC 串联的阻抗为 Z_2，$\omega_0 = \dfrac{1}{RC}$，则

$$Z_1 = \frac{R}{1 + j\omega RC}, Z_2 = R + \frac{1}{j\omega C}$$

正反馈的反馈系数为

$$F = \frac{\dot{V}_f}{\dot{V}_0} = \frac{Z_1}{Z_1 + Z_2} = \frac{1}{3 + j\left(\dfrac{\omega}{\omega_0} - \dfrac{\omega_0}{\omega}\right)}$$

由此可得 RC 串并联选频网络的幅频特性与相频特性分别为

$$F = \frac{1}{\sqrt{3^2 + \left(\dfrac{\omega}{\omega_0} - \dfrac{\omega_0}{\omega}\right)^2}}$$

$$\varphi_F = -\arctan \frac{\left(\dfrac{\omega}{\omega_0} - \dfrac{\omega_0}{\omega}\right)}{3}$$

由此可知，当 $\omega = \omega_0 = \dfrac{1}{RC}$ 时，反馈系数的幅度达到最大，即 $F = \dfrac{1}{3}$，而相角 $\varphi_F = 0$。

2）起振条件与起振频率

由图 3-9-1 可知，在 $\omega = \omega_0 = \dfrac{1}{RC}$ 时，经 RC 串并联选频网络反馈到运算放大器同相输入端的电压 $\dot{V}_f$ 与输出电压 $\dot{V}_0$ 同相，满足自激振荡的相位条件。如果此时放大电路的增益 $A_{vf} > 3$，则满足 $A_{vf}F > 1$ 的起振条件。电路起振后，经过放大、选频网络反馈、再放大等过程，输出幅度越来越大，最后受电路中器件的非线性限制，振荡幅度自动地稳定下来，放大电路的增益由 $A_{vf} > 3$ 过渡到 $A_{vf} = 3$，即 $A_{vf}F > 1$ 过渡到 $A_{vf}F = 1$，从而达到幅度平衡状态。

以上分析表明，只有当 $\omega = \omega_0 = \dfrac{1}{RC}$ 时，$\varphi_F = 0$，才能满足振荡的相位平衡条件，因此振荡频率由相位平衡条件决定，振荡频率为

$$f_o = \frac{1}{2\pi RC}$$

电路的起振条件为 $A_{vf} > 3$，调节负反馈放大电路的反馈系数可使 A_{vf} 略大于 3，满足起振条件的要求。由图 3-9-1 可知，调节 R_W 使 $(R_W + R_2 + R_3)/R_1$ 略大于 2 即可。

如果放大电路的电压增益远大于 3，则振荡幅度的增长使放大电路工作到非线性区域，输出波形会产生较严重的失真。

（2）三角波和方波发生器

如把滞回比较器和积分器首尾相接形成正反馈闭环系统，如图 3-9-2 所示，则比较器 A_1 输出的方波经积分器 A_2 积分可得到三角波，三角波又触发比较器自动翻转形成方波，这样即构成三角波、方波发生器。图 3-9-3 所示为三角波、方波发生器输出波形图。由于采用运放组成的积分电路，因此可实现恒流充电，使三角波线性大大改善。

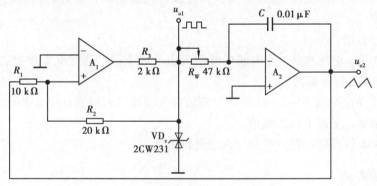

图 3-9-2　三角波、方波发生器

电路振荡频率 $$f_o = \frac{R_2}{4R_1 R_W C}$$

方波幅值 $$u_{o1} = \pm V_z$$

三角波幅值 $$u_{o2} = \frac{R_1}{R_2} V_z$$

改变 R_1/R_2 比值可调节三角波的幅值。

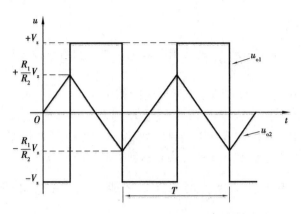

图 3-9-3　三角波、方波发生器输出波形图

3.9.3　实验设备与器件

①信号发生器　　　　　　　　　　　1 台
②双踪示波器　　　　　　　　　　　1 台
③数字万用表　　　　　　　　　　　1 块
④模拟电路实验箱　　　　　　　　　1 台
⑤uA741　　　　　　　　　　　　　2 块
⑥电阻、电容元件　　　　　　　　　若干

3.9.4　实验预习要求

①复习有关 RC 正弦波发生器、三角波和方波发生器的工作原理,并估算图 3-9-1、3-9-2 电路的振荡频率。

②设计实验表格。

③为什么在 RC 正弦波发生器电路中要引入负反馈支路? 为什么要增加二极管 VD_1 和 VD_2? 它们是怎样进行稳幅的?

④电路参数变化对图 3-9-2 中产生的三角波和方波频率和幅值有什么影响?

⑤怎样测量非正弦波电压的幅值?

⑥用 Multisim 仿真软件对所有实验内容进行仿真。

3.9.5　实验内容

(1)RC 桥式正弦波振荡器

按图 3-9-1 连接实验电路。

①调节电位器 R_W,使输出波形从无到有,从正弦波到出现失真。描绘 u_o 的波形,记下临界起振、正常正弦波输出及失真情况下的 R_W 值,分析负反馈强弱对起振条件及输出波形的影响。列表记录测试结果。

②调节电位器 R_W,使输出电压 u_o 幅值最大且不失真,用示波器分别测量输出电压 u_o、反馈电压 u_+ 和 u_- 并记录波形,分析研究振荡的幅值条件。

③用示波器测量振荡频率 f_0。

④断开 VD_1、VD_2，绘出 u_o 波形，重新调节 R_W 使 u_o 达到最大不失真，用示波器分别测量输出电压 u_o、反馈电压 u_+ 和 u_- 并记录波形。将测试结果与(2)进行比较，分析 VD_1、VD_2 的稳幅作用。

(2)三角波和方波发生器

按图 3-9-2 连接实验电路。

①将电位器 R_W 调至合适位置，用双踪示波器观察并描绘方波输出 u_{o1} 及三角波输出 u_{o2}，测其幅值、频率值，并记录。

②改变 R_W，观察对 u_{o1}、u_{o2} 幅值及频率的影响。

③改变 R_1(或 R_2)，观察对 u_{o1}、u_{o2} 幅值及频率的影响。

3.9.6　实验总结

(1)RC 正弦波发生器

①列表整理数据，画出波形，把实测频率与理论值进行比较。

②根据实验分析 RC 振荡器的振幅条件。

③讨论二极管 VD_1、VD_2 的稳幅作用。

(2)三角波和方波发生器

①列表整理数据，画出波形，把实测频率与理论值进行比较。

②在同一坐标纸上，按比例画出三角波及方波的波形，并标明周期和电压幅值。

③分析电路参数变化(R_1、R_2 和 R_W)对输出波形频率及幅值的影响。

3.10　有源滤波器

3.10.1　实验目的

①加深对有源滤波电路的电路特性理解。

②掌握常用有源滤波电路的测试方法。

3.10.2　实验原理

无源滤波器是指由无源元件电阻、电感、电容组成的滤波电路;有源滤波器是指由运算放大器、电阻、电容组成的滤波电路。与无源滤波器相比，有源滤波器具有不用电感、Q 值容易提高、输入输出阻抗容易匹配及信号放大的功能。滤波器的功能是让一定频率范围内的信号通过，抑制或急剧衰减此频率范围以外的信号。其可用在信息处理、数据传输、抑制干扰等方面，但因受运算放大器频带限制，这类滤波器主要用于低频范围。根据对频率范围的选择不同，可分为低通(LPF)、高通(HPF)、带通(BPF)与带阻(BEF)4 种滤波器，它们的幅频特性如图 3-10-1 所示。

具有理想幅频特性的滤波器是很难实现的，只能用实际的幅频特性去接近理想的幅频。一般说来，滤波器的幅频特性越好，其相频特性越差，反之亦然。滤波器的阶数越高，幅频特

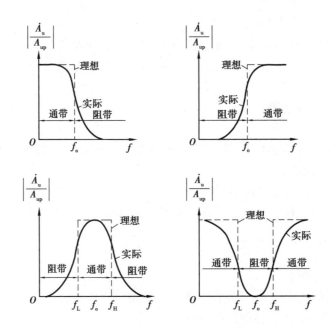

图 3-10-1　4 种滤波电路的幅频特性示意图

性衰减的速率越快,但 RC 的节数越多,元件参数计算越烦琐,电路调试越困难。任何高阶滤波器均可以用较低的二阶 RC 有源滤波器级连实现。

(1)低通滤波器

低通滤波器是用来通过低频信号,衰减或抑制高频信号的。

图 3-10-2(a)所示为典型的二阶有源低通滤波器。它由两级 RC 滤波环节与同相比例运算组成,其中第一级电容 C 接至输出端,引入适量的正反馈,以改善幅频特性。图 3-10-2(b)为二阶低通滤波器的幅频特性曲线。

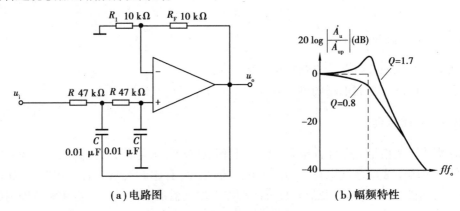

(a)电路图　　　　　　　　(b)幅频特性

图 3-10-2　二阶低通滤波器

电路性能参数:

①$A_{up} = 1 + \dfrac{R_f}{R_1}$:二阶低通滤波器的通带增益。

②$f_o = \dfrac{1}{2\pi RC}$:特征频率,是二阶低通滤波器通带与阻带的界限频率。

③$Q = \dfrac{1}{3 - A_{up}}$：品质因数，它的大小影响低通滤波器在截止频率处幅频特性的形状。

（2）高通滤波器

高通滤波器是用来通过高频信号，衰减或抑制低频信号的。

只要将图 3-10-2（a）低通滤波器中起滤波作用的电阻、电容互换，即可变成二阶高通滤波器，如图 3-10-3（a）所示。高通滤波器与低通滤波器相反，其频率响应和低通滤波器是"镜像"关系，仿照 LPH 分析方法，可求得 HPF 的幅频特性。图 3-10-3（b）为二阶高通滤波器的幅频特性曲线，可见，它与二阶低通滤波器的幅频特性曲线有"镜像"关系。

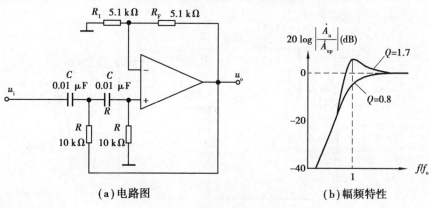

（a）电路图　　　　　（b）幅频特性

图 3-10-3　二阶高通滤波器

（3）带通滤波器

典型带通滤波器可以由二阶低通滤波器中的其中一级改成高通而成。如图 3-10-4（a）所示。带通滤波器的作用是只允许在某一个通频带范围内的信号通过，而比通频带下限频率低和比通频带上限频率高的信号均被衰减或抑制。

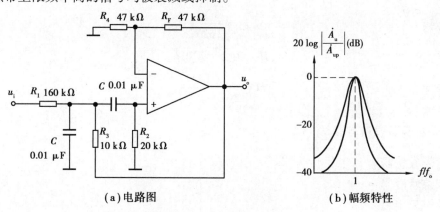

（a）电路图　　　　　（b）幅频特性

图 3-10-4　二阶带通滤波器

电路性能参数计算方式：

通带增益

$$A_{up} = \frac{R_4 + R_f}{R_4 R_1 CB}$$

中心频率

$$f_o = \frac{1}{2\pi} \sqrt{\frac{1}{R_2 C^2} \left(\frac{1}{R_1} + \frac{1}{R_3} \right)}$$

通带宽度
$$B = \frac{1}{C}\left(\frac{1}{R_1} + \frac{2}{R_2} - \frac{R_f}{R_3 R_4}\right)$$

选择性
$$Q = \frac{\omega_0}{B}$$

此电路的特点是改变 R_4 和 R_f 的比例就可以改变频率而不影响中心频率。

（4）带阻滤波器

如图 3-10-5 所示，在双 T 网络后加一级同相比例运算就构成了基本的二阶有源带阻滤波器。带阻滤波器和带通滤波器相反，即在规定的频带内，信号不能通过（或受很大衰减或抑制），而在频带外，信号可顺利通过。

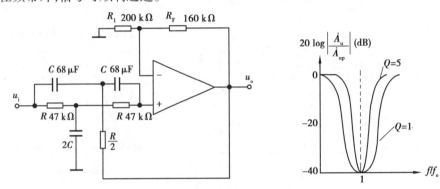

图 3-10-5　二阶带阻滤波器

电路性能参数计算方式：

通带增益
$$A_{up} = 1 + \frac{R_f}{R_1}$$

中心频率
$$f_o = \frac{1}{2\pi RC}$$

通带宽度
$$B = 2(2 - A_{up})f_o$$

选择性
$$Q = \frac{1}{2(2 - A_{up})}$$

3.10.3　实验设备与器材

①信号发生器　　　　　　　　　　　1 台
②双踪示波器　　　　　　　　　　　1 台
③数字万用表　　　　　　　　　　　1 块
④模拟电路实验箱　　　　　　　　　1 台
⑤uA741　　　　　　　　　　　　　1 块
⑥电阻、电容元件　　　　　　　　　若干

3.10.4　实验预习要求

①复习有关滤波器的内容。

②分析各实验电路,写出它们的增益特性表达式。

③计算图 3-10-2(a)、图 3-10-3(a)的截止频率,图 3-10-4(a)、图 3-10-5(a)的中心频率。

④用 Multisim 仿真软件对所有实验内容进行仿真。

3.10.5　实验内容

(1)二阶低通滤波器

实验电路如图 3-10-2(a)所示。

①粗测:接通电源,u_i 端输入 1 V 的正弦信号,在滤波器特征频率附近改变输入信号频率,用示波器观察输出电压的变化是否具备低通特性,若不具备,应排除电路故障。

②在输出波形不失真的条件下,选取适当幅度的正弦输入信号,在维持输入信号幅度不变的情况下,逐点改变输入信号频率,测量输出电压,记入表 3-10-1 中,并根据实验数据描绘频率特性曲线。

表 3-10-1　低通滤波器实验记表

f	
u_o	

(2)二阶高通滤波器

实验电路如图 3-10-3(a)所示。

①粗测:接通电源。u_i 端输入 1 V 的正弦信号,在滤波器特征频率附近改变输入信号频率,用示波器或交流毫伏表观察输出电压的变化是否具备高通特性,若不具备,应排除电路故障。

②在输出波形不失真的条件下,选取适当幅度的正弦输入信号,在维持输入信号幅度不变的情况下,逐点改变输入信号频率,测量输出电压,记入表 3-10-2 中,并根据实验数据描绘频率特性曲线。

表 3-10-2　高通滤波器实验记录表

f	
u_o	

(3)带通滤波器

实验电路如图 3-10-4(a)所示。

①实测电路的中心频率 f_o。

②以实测中心频率为中心,测绘电路的幅频特性曲线,并将数据记入表 3-10-3 中。

表 3-10-3　带通滤波器实验记录表

f_o	
u_o	

(4) 带阻滤波器

实验电路如图 3-10-5(a) 所示。

① 实测电路的中心频率 f_o。

② 以实测中心频率为中心,测绘电路的幅频特性曲线,并将数据记入表 3-10-4 中。

表 3-10-4 带阻滤波器实验记录表

f_o	
u_o	

3.10.6 实验总结

① 整理实验数据,画出各电路实测的幅频特性曲线。

② 根据实验曲线,计算各电路特征频率、中心频率、带宽和品质因数,分析影响这些参数的因素有哪些。

③ 总结有源滤波电路的特性。

3.11 OTL 功率放大器

3.11.1 实验目的

① 进一步理解 OTL 功率放大器的工作原理。

② 学会 OTL 电路的调试及主要性能指标的测试方法。

3.11.2 实验原理

图 3-11-1 所示为 OTL 低频功率放大器。其中由晶体三极管 VT_1 组成推动级(也称前置放大级),VT_2、VT_3 是一对参数对称的 NPN 和 PNP 型晶体三极管,它们组成互补推挽 OTL 功率放大电路。由于 VT_2、VT_3 都接成射极输出器形式,因此具有输出电阻低、负载能力强等优点,适合作功率输出级。VT_1 管工作于甲类状态,它的集电极电流 I_{C1} 由电位器 R_{W1} 进行调节。I_{C1} 的一部分流经电位器 R_{W2} 及二极管 VD,它给 VT_2、VT_3 提供偏压。调节 R_{W2},可以使 VT_2、VT_3 得到合适的静态电流而工作于甲乙类状态,以克服交越失真。静态时,要求输出端中点 A 的电位 $U_A = \dfrac{1}{2} U_{CC}$,可以通过调节 R_{W1} 来实现。又因 R_{W1} 的一端接在 A 点,故在电路中引入交、直流电压并联负反馈,一方面能够稳定放大器的静态工作点,同时也改善了非线性失真。

当输入正弦交流电压信号 u_i 时,经 VT_1 放大、倒相后同时作用于 VT_2、VT_3 的基极,u_i 的负半周使 VT_2 管导通(VT_3 管截止),有电流通过负载 R_L,同时向电容 C_0 充电,在 u_i 的正半周,VT_3 管导通(VT_2 管截止),则已充好电的电容器 C_0 起电源的作用,通过负载 R_L 放电,这样在 R_L 上就得到完整的正弦波。

C_2 和 R 构成自举电路,可提高输出电压正半周的幅度,以得到大的动态范围。

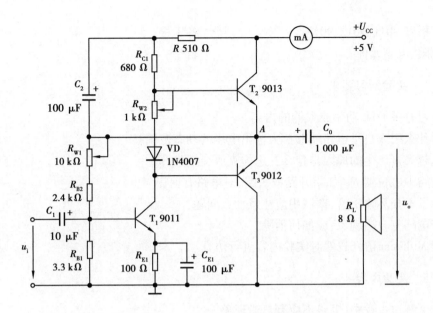

图 3-11-1　OTL 功率放大器实验电路

OTL 电路的主要性能指标:

(1) 最大不失真输出功率 P_{om}

理想情况下

$$P_{om} = \frac{1}{8} \frac{U_{CC}^2}{R_L}$$

在实验中可通过测量 R_L 两端的电压有效值 U_o,来求得实际的 P_{om}

$$P_{om} = \frac{U_o^2}{R_L}$$

(2) 效率 η

$$\eta = \frac{P_{om}}{P_E} \times 100\%$$

式中 P_E 表示直流电源供给的平均功率理想情况下 $\eta_{max} = 78.5\%$。

在实验中,可测量电源供给的平均电流 I_{dc},从而求得 $P_E = U_{CC} \cdot I_{dc}$,负载上的交流功率已用上述方法求出,因而可计算实际效率。

(3) 频率响应

详见第一章第四节有关内容。

(4) 输入灵敏度

输入灵敏度是指输出最大不失真功率时,输入信号 u_i 之值。

3.11.3　实验设备与器件

①信号发生器　　　　　　　　　　1 台
②双踪示波器　　　　　　　　　　1 台
③数字万用表　　　　　　　　　　1 块
④模拟电路实验箱　　　　　　　　1 台

⑤三极管 9011、9012、9013　　　　　　　各 1 根
⑥电阻、电容元件　　　　　　　　　　　　若干

3.11.4　实验预习要求

①复习有关 OTL 功率放大器的内容。
②为什么引入自举电路能够扩大输出电压的动态范围？
③交越失真产生的原因是什么？怎样克服交越失真？
④电路中电位器 R_{W2} 如果开路或短路,对电路有何影响？
⑤为了不损坏输出管,调试中应注意什么问题？
⑥若电路有自激现象,应如何消除？
⑦用 Multisim 仿真软件对实验内容进行仿真。

3.11.5　实验内容

在整个测试过程中,电路不应有自激现象。

(1)静态工作点的测试

按图 3-11-1 连接实验电路,输入端接信号发生器,电源进线中串入直流毫安表。先调输入信号 $u_i = 0$,电位器 R_{W2} 置最小值,R_{W1} 置中间位置。接通+5 V 电源,观察毫安表指示,同时用手触摸输出级管子,若电流过大,或管子升温显著,应立即断开电源检查原因(如 R_{W2} 开路,电路自激,或输出管性能不好等)。如无异常现象,可开始调试。

1)调节输出端中点电位 U_A

调节电位器 R_{W1},用直流电压表测量 A 点电位,使 $U_A = \dfrac{1}{2}U_{CC}$。

2)调整输出级静态电流及测试各级静态工作点

调节电位器 R_{W2},使 VT_2、VT_3 管的 $I_{C2} = I_{C3} = 5 \sim 10$ mA。从减小交越失真角度而言,应适当加大输出级静态电流,若该电流过大,会使效率降低,因此一般以 $5 \sim 10$ mA 为宜。由于毫安表是串在电源进线中,因此测得的是整个放大器的电流,但一般 VT_1 的集电极电流 I_{C1} 较小,可以把测得的总电流近似当作末级的静态电流。如果要准确得到末级静态电流,则可从总电流中减去 I_{C1} 之值。

调整输出级静态电流的另一方法是动态调试法。先使 $R_{W2} = 0$,在输入端接入 $f = 1$ kHz 的正弦信号 u_i。逐渐加大输入信号的幅值,此时,输出波形应出现严重的交越失真(注意:没有饱和及截止失真),然后缓慢增大 R_{W2},当交越失真刚好消失时,停止调节 R_{W2},恢复 $u_i = 0$,此时直流毫安表读数即为输出级静态电流。一般数值也在 $5 \sim 10$ mA 范围内,若过大,则要检查电路。

输出级电流调好后,测量各级静态工作点,记入表 3-11-1。

表 3-11-1　静态工作点测试记录表　　　　$I_{C2} = I_{C3} = $　　mA　$U_A = 2.5$ V

	VT_1	VT_2	VT_3
U_B/V			

	VT$_1$	VT$_2$	VT$_3$
U_C/V			
U_E/V			

注意:①在调整 R_{W2} 时,一是要注意旋转方向,不要调得过大,更不能开路,以免损坏输出管。

②将输出管静态电流调好后,若无特殊情况,不得随意旋动 R_{W2} 的位置。

(2)最大输出功率 P_{om} 和效率 η 的测试

1)测量 P_{om}

输入端接 1 kHz 的正弦信号,输出端用示波器观察输出波形,逐渐加大输入信号幅度,使输出电压为最大不失真输出,用示波器测量此时的输出电压 U_{om},则最大输出功率

$$P_{om} = \frac{U_{om}^2}{R_L}$$

2)测量 η

当输出电压为最大不失真输出时,读出直流毫安表中的电流即为直流电源供给的平均电流 I_{dc}(有一定误差),由此可近似求得 $P_E = U_{CC} \cdot I_{dc}$,再根据上面测得的 P_{om},则效率

$$\eta = \frac{P_{om}}{P_E} \times 100\%$$

(3)输入灵敏度测试

输入灵敏度是指输出最大不失真功率时,输入信号 u_i 之值。只要测出输出功率 $P_o = P_{om}$ 时的输入电压值 u_i 即可。要求 $u_i < 100$ mV。

(4)频率响应的测试

测试方法同实验 3.3,自拟表格记录。

在测试时,为保证电路的安全,应在较低电压下进行,通常取输入信号为输入灵敏度的 50%。在整个测试过程中,应保持 u_i 为恒定值,且输出波形不应失真。

(5)研究自举电路的作用

①有自举电路时,测量 $P_o = P_{omax}$ 时的电压增益 A_V。

②将 C_2 开路,R 短路(无自举),再测量 $P_o = P_{omax}$ 时的 A_V。

用示波器观察(1)、(2)两种情况下的输出电压波形,并将以上两项结果进行比较,分析自举电路的作用。

(6)噪声电压的测试

测量时将输入端短路(即 $u_i = 0$),观察输出噪声波形,并用交流毫伏表测量输出电压,即为噪声电压 U_N。本电路中若 $U_N < 15$ mV,即满足要求。

(7)试听

输入信号改为录音机输出,输出端接试听音箱及示波器。开机试听,并观察语言和音乐信号的输出波形。

3.11.6　实验总结

①整理实验数据,计算静态工作点、最大输出功率 P_{om}、效率 η 等,并与理论值进行比较,画出频率响应曲线。

②分析自举电路的作用。

③讨论实验中发生的问题及解决办法。

3.12　集成功率放大器

3.12.1　实验目的

①了解功率放大器的应用。

②学习集成功率放大器基本技术指标的测试。

3.12.2　实验原理

集成功率放大器由集成功放块和一些外部阻容元件构成。它具有线路简单,性能优越,工作可靠,调试方便等优点,已成为在音频领域中应用十分广泛的功率放大器。

电路中最主要的组件为集成功放块,它的内部电路与一般分立元件功率放大器不同,通常包括前置级、推动级和功率级等几部分,有些还具有特殊功能(消除噪声、短路保护等)的电路。其电压增益较高。

集成功放的种类很多。本实验采用的集成功放型号为LA4112,它的内部结构由三级电压放大,一级功率放大以及偏置、恒流、反馈、退耦电路组成。

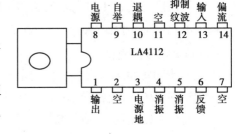

LA4112 集成功放是一种塑料封装十四脚的双列直插器件。它的外形如图 3-12-1 所示。表 3-12-1、表 3-12-2 是它的极限参数和电参数。

图 3-12-1　LA4112 外形及管脚排列图

与 LA4112 集成功放块技术指标相同的国内外产品还有 FD403,FY4112,D4112 等,可以互相替代使用。

集成功率放大器 LA4112 的应用电路如图 3-12-2 所示,该电路中各电容和电阻的作用简要说明如下:

C_1、C_9:输入、输出耦合电容,隔直作用;

C_2 和 R_f:反馈元件,决定电路的闭环增益;

C_3、C_4、C_8:滤波、退耦电容;

C_5、C_8、C_{10}:消振电容,消除寄生振荡;

C_9:自举电容,若无此电容,将出现输出波形半波被削波的现象。

表 3-12-1　LA4112 极限参数

参　数	符号与单位	额定值
最大电源电压	$U_{CC\,max}$/V	13(有信号时)
允许功耗	P_o/W	1.2
		2.25(50×50 mm² 铜箔散热片)
工作温度	T_{opr}/℃	−20~+70

表 3-12-2　LA4112 电参数

参　数	符号与单位	测试条件	典型值
工作电压	U_{CC}/V		9
静态电流	I_{CCQ}/mA	$U_{CC}=9$ V	15
开环电压增益	A_{vo}/db		70
输出功率	P_o/W	$R_L=4$ Ω　$f=1$ kHz	1.7
输入阻抗	R_i/kΩ		20

3.12.3　实验设备与器材

①信号发生器　　　　　　　　　　1 台
②双踪示波器　　　　　　　　　　1 台
③数字万用表　　　　　　　　　　1 块
④模拟电路实验箱　　　　　　　　1 台
⑤LA4112、喇叭　　　　　　　　　各 1 个
⑥电阻电容元件　　　　　　　　　若干

3.12.4　预习要求

①复习有关集成功率放大器的内容。

②若将电容 C_7 除去,将会出现什么现象?

③若在无输入信号时,从接在输出端的示波器上观察到频率较高的波形,正常否? 如何消除?

④进行本实验时,应注意以下几点:

a.电源电压不允许超过极限值,不允许极性接反,否则集成块将遭损坏。

b.电路工作时绝对避免负载短路,否则将烧毁集成块。

c.接通电源后,时刻注意集成块的温度。有时,未加输入信号,集成块就发热过甚,同时示波器显示输出幅度较大,频率较高的波形,说明电路有自激现象,应立即关机,然后进行故障分析处理。待自激振荡消除后,才能重新进行实验。

d.输入信号不要过大。

3.12.5 实验内容

按图 3-12-2 连接实验电路,输入端接信号发生器。

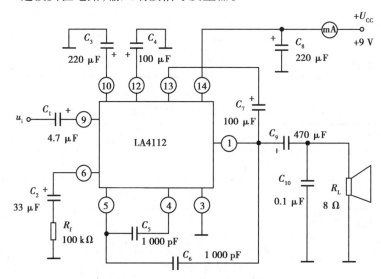

图 3-12-2　由 LA4112 构成的集成功放实验电路

(1)静态测试

将输入信号旋钮旋至零,接通+9 V 直流电源,测量静态总电流及集成块各引脚对地电压,记入自拟表格中。

(2)动态测试

1)接入自举电容 C_9

输入端接 1 kHz 正弦信号,输出端用示波器观察输出波形,逐渐加大输入信号幅度,使输出电压为最大不失真输出,用示波器测量此时的输出电压 u_{om},则最大输出功率

$$P_{om} = \frac{u_{om}^2}{R_L}$$

2)断开自举电容 C_9,观察输出电压变化情况

(3)输入灵敏度

输入灵敏度是指输出最大不失真功率时,输入信号 u_i 之值。

测出输出功率 $P_o = P_{om}$ 时的输入电压值 u_i 即可。要求 $u_i < 100$ mV。

(4)频率响应

测试方法同实验 3.3。

(5)噪声电压

测量时将输入端短路,观察输出噪声波形,并用交流毫伏表测量输出电压,即为噪声电压 u_N,要求 $u_N < 2.5$ mV。

(6)试听

输入信号改为录音机输出,输出端接试听音箱及示波器。开机试听,并观察语言和音乐

信号的输出波形。

3.12.6　实验总结

①整理实验数据,并进行分析。
②画频率响应曲线。
③讨论实验中发生的问题及解决办法。

3.13　LC 正弦波振荡器

3.13.1　实验目的

①掌握变压器反馈式 LC 正弦波振荡器的调整和测试方法。
②研究电路参数对 LC 振荡器起振条件及输出波形的影响。

3.13.2　实验原理

LC 正弦波振荡器是用 L、C 元件组成选频网络的振荡器,一般用来产生 1 MHz 以上的高频正弦信号。根据 LC 调谐回路的不同连接方式,LC 正弦波振荡器又可分为变压器反馈式、电感三点式和电容三点式 3 种。图 3-13-1 所示为变压器反馈式 LC 正弦波振荡器的实验电路。其中晶体三极管 VT_1 组成共射放大电路;变压器 T_r 的原绕组 L_1(振荡线圈)与电容 C 组成调谐回路,它既作为放大器的负载,又起选频作用;副绕组 L_2 为反馈线圈,L_3 为输出线圈。

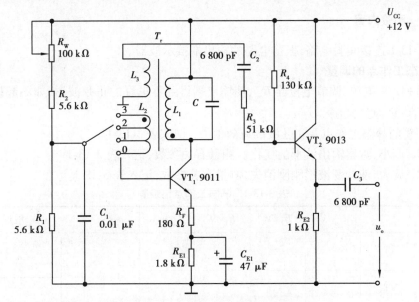

图 3-13-1　LC 正弦波振荡器实验电路

该电路是靠变压器原、副绕组同名端的正确连接(如图 3-13-1 所示),来满足自激振荡的相位条件,即满足正反馈条件。在实际调试中可以通过把振荡线圈 L_1 或反馈线圈 L_2 的首、末端对调,来改变反馈的极性。而振幅条件的满足,首先是靠合理选择电路参数,使放大器建立合适的静态工作点;其次是改变线圈 L_2 的匝数,或它与 L_1 之间的耦合程度,以得到足够强的反馈量。稳幅作用是利用晶体管的非线性来实现的。LC 并联谐振回路具有良好的选频作用,因此输出电压波形一般失真不大。

振荡器的振荡频率由谐振回路的电感和电容决定

$$f_o = \frac{1}{2\pi\sqrt{LC}}$$

式中 L 为并联谐振回路的等效电感(即考虑其他绕组的影响)。

振荡器的输出端增加一级射极跟随器,用以提高电路的带负载能力。

3.13.3 实验设备与器材

①双踪示波器	1 台
②数字万用表	1 块
③模拟电路实验箱	1 块
④模拟电路实验箱	1 台
⑤9011、9013、振荡线圈	各 1 套
⑥电阻、电容元件	若干

3.13.4 实验预习要求

①复习教材中有关 LC 正弦波振荡器内容。

②LC 正弦波振荡器是怎样进行稳幅的? 在不影响起振的条件下,晶体管的集电极电流是大一些好,还是小一些好?

3.13.5 实验内容

按图 3-13-1 连接实验电路,振荡电路的输出端接示波器。

(1)静态工作点的调整

①接通+12 V 电源,调节电位器 R_W,使输出端得到不失真的正弦波形,如不起振,可改变 L_2 的首末端位置,使之起振。

测量两管的静态工作点及正弦波的有效值 U_o,记入表 3-13-1。

②把 R_W 调小,观察输出波形的变化。测量有关参数,记入表 3-13-1。

③把 R_W 调大,使振荡波形刚刚消失,测量有关参数,记入表 3-13-1。

表 3-13-1 静态工作点记录表

		U_B/V	U_E/V	U_C/V	I_C/mA	u_o/V	u_o 波形
R_W 居中	VT$_1$						
	VT$_2$						
R_W 小	VT$_1$						
	VT$_2$						

续表

		U_B/V	U_E/V	U_C/V	I_C/mA	u_o/V	u_o 波形
R_W 大	VT$_1$						
	VT$_2$						

根据以上 3 组数据,分析静态工作点对电路起振、输出波形幅度和失真的影响。

(2)观察反馈量大小对输出波形的影响

置反馈线圈 L_2 于"0"(无反馈)、"1"(反馈量不足)、"2"(反馈量合适)、"3"(反馈量过强)时测量相应的输出电压波形,记入表 3-13-2。

表 3-13-2　不同反馈量实验记录表

L_2 位置	"0"	"1"	"2"	"3"
u_o 波形				

(3)验证相位条件

①改变 L_2 首、末端位置,观察停振现象。

②恢复 L_2 的正反馈接法,改变 L_1 首、末端位置,观察停振现象。

(4)测量振荡频率

调节 R_W 使电路正常起振,用示波器测量以下两种情况下的振荡频率 f_o,记入表 3-13-3。

表 3-13-3　振荡频率记录表

C/pF	1 000	100
f/kHz		

3.13.6　实验总结

整理实验数据并分析讨论:

①LC 正弦波振荡器的相位条件和幅值条件。

②电路参数对 LC 正弦波振荡器起振条件及输出波形的影响。

③讨论实验中发生的问题及解决办法。

3.14　直流稳压电源

3.14.1　实验目的

①研究集成稳压器的特点和性能指标的测试方法。

②了解集成稳压器扩展性能的方法。

3.14.2 实验原理

随着半导体工艺的发展,稳压电路也制成了集成器件。由于集成稳压器具有体积小、外接线路简单、使用方便、工作可靠和通用性强等优点,因此在各种电子设备中应用十分普遍,基本上取代了由分立元件构成的稳压电路。集成稳压器的种类很多,应根据设备对直流电源的要求来进行选择。对于大多数电子仪器、设备和电子电路来说,通常是选用串联线性集成稳压器。而在这种类型的器件中,又以三端式稳压器应用最为广泛。

三端集成稳压器的分类:

(1)三端固定输出正稳压器

此类稳压器为78××系列,××代表输出的正稳压值,其稳压值共有9种(+5 V,+6 V,+9 V,+12 V,+15 V,…)。型号前面的英文字母一般为生产厂家(或公司)代号。它们的性能相同,应用时可以互换。

按最大输出电流分类又分为3个分系列:78L××的最大输出电流为100 mA,78M××的最大输出电流为500 mA,78××的最大输出电流为1.5 A。

图3-14-1为W7800系列的外形和接线图。

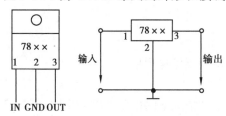

图3-14-1　W7800系列的外形和接线图　　　图3-14-2　W7900系列的外形和接线图

(2)三端固定输出负稳压器

此类稳压器为79××系列,××代表输出的负稳压值,其余命名法及外形均与78××系列相同。

图3-14-2为W7900系列的外形和接线图。

(3)三端可调输出正稳压器

此稳压器为W××7系列。包括W117/W217/W317,W117M/W217M/W317M及W117L/W217L/W317等。

最常用的是W117/W217/W317,它们是属于同一系列的三端可调正压单片集成稳压器,能在12~37 V的范围内连续可调,可输出1.5 A的负载电流。该稳压器的芯片内部设有过流、过热和调整管安全工作保护电路,使用安全可靠。其电压调整率和电流调整率指标,均优于三端固定输出稳压器。使用时只要外接两只电阻,即可实现输出电压可调。

(4)三端可调输出负稳压器

此类稳压器为W××7系列中的W137/W237/W337及W137M/W237M/W337M、W137L/W237L/W337L系列,其外形和特点同W××7系列,只是输出电压为负电压而已。

本实验所用的集成稳压器为三端固定正稳压器W7812。它的主要参数为:输出直流电压$U_o = +12$ V,输出电流$L = 0.1$ A,$M = 0.5$ A,$W = 1.5$ A,电压调整率为10 mV/V,输出电阻$R_o =$

0.15 Ω,输入电压 U_i 的范围为 15~17 V。U_i 要比 U_o 大 3~5 V,才能保证集成稳压器工作在线性区。

图 3-14-3 是用三端稳压器 W7812 构成的单电源电压输出的实验电路图。滤波电容 C_1、C_2 一般取几百至几千微法。当稳压器距离整流滤波电路较远时,在输入端必须接入电容器 C_3(数值为 0.33 μF),以抵消线路的电感效应,防止产生自激振荡。输出端电容 C_4(0.1 μF)用以滤除输出端的高频信号,改善电路的暂态响应。

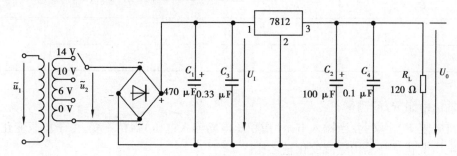

图 3-14-3　由 7812 构成的串联型稳压电源

3.14.3　实验设备与器件

①双踪示波器　　　　　　　　　　　　1 台
②数字万用表　　　　　　　　　　　　1 台
③模拟电路实验箱　　　　　　　　　　1 块
④W7812、W7809、W7909 三端稳压器　各 1 台
⑤电阻、电容元件　　　　　　　　　　若干

3.14.4　实验预习要求

①复习教材中有关集成稳压器的内容。
②仿真预习
a.用示波器观察电路中各处波形并记录。
b.测量稳压系数 S、输出电阻 R_O。

3.14.5　实验内容

(1)集成稳压器性能测试
按图 3-14-3 连接实验电路,取负载电阻 R_L = 120 Ω。

1)初测
接通工频 14 V 电源,测量 U_2 值;测量滤波电路输出电压 U_I(稳压器输入电压),集成稳压器输出电压 U_o,它们的数值应与理论值大致符合,否则说明电路出现故障。

2)各项性能指标测试
①输出电压 U_o 和最大输出电流 I_{omax} 的测量。
在输出端接负载电阻 R_L = 120 Ω,由于 W7812 输出电压 U_o = 12 V,因此流过 R_L 的电流 I_{omax} = 12 V/120 Ω = 100 mA。这时 U_o 应保持不变,若变化较大则说明集成块性能不良。

107

②稳压系数 S 的测量

稳压系数定义为:当负载保持不变,输出电压相对变化量与输入电压相对变化量之比。

改变 U_2(模拟电网电压波动),分别测出相应的输出电压 U_o,记入表 3-14-1。

表 3-14-1　稳压系数 S 测量记录表

测试值			计算值
U_2/V	U_1/V	U_0/V	S

③输出电阻 R_o 的测量

输出电阻 R_o 定义为:当输入电压(指稳压电路输入电压)保持不变,由于负载变化而引起的输出电压变化量与输出电流变化量之比。

取 $U_2 = 14$ V,改变负载电阻,测量相应的 U_o 值,记入表 3-14-2。

表 3-14-2　输出电阻测量实验记录表

测试值			计算值
R_L/Ω	U_o/V	I_o/mA	R_o/Ω

④输出纹波电压的测量

输出纹波电压是指在额定负载条件下,输出电压中所含交流分量的有效值(或峰值)。

取 $U_2 = 14$ V,测量输出纹波电压,并记录。

(2)用 W7809、W7909 设计 ±9 V 双电压输出电路并测试其输出电压

3.14.6　实验总结

①整理实验数据,计算 S 和 R_o,并与手册上的典型值进行比较。

②分析讨论实验中发生的现象和问题。

第4章
数字电子技术基础实验

4.1 组合逻辑电路设计

4.1.1 实验目的

①熟悉集成门电路的逻辑功能和测试方法。

②了解 TTL、CMOS 集成门电路的特点和使用规则。

③根据任务设计出组合逻辑电路。

④自拟实验方案、选用仪器设备验证所设计的组合逻辑电路的正确性。

4.1.2 实验原理

1)常见的组合逻辑电路常常使用中、小规模集成电路来设计。设计组合电路的一般步骤是：

①根据设计任务的要求,列出真值表。

②用卡诺图或代数化简法求出最简的逻辑表达式。

③根据逻辑表达式,画出逻辑图,用标准器件构成电路。

④最后,用实验来验证设计的正确性。

2)组合逻辑电路设计举例

用"与非"门设计一个表决电路。当 4 个输入端中有 3 个或 4 个为"1"时,输出端才为"1"。

设计步骤：

①根据题意列出真值表见表 4-1-1,或画出卡诺图见表 4-1-2。

表 4-1-1 真值表

A	0	0	0	0	0	0	0	0	1	1	1	1	1	1	1	1
B	0	0	0	0	1	1	1	1	0	0	0	0	1	1	1	1
C	0	0	1	1	0	0	1	1	0	0	1	1	0	0	1	1
D	0	1	0	1	0	1	0	1	0	1	0	1	0	1	0	1
Z	0	0	0	0	0	0	0	1	0	0	0	1	0	1	1	1

表 4-1-2 卡诺图

AB\CD	00	01	11	10
00				
01			1	
11		1	1	1
10			1	

②由卡诺图得出逻辑表达式,并化简成二输入"与非"的形式。

$$Z = ABC + ABD + ACD + BCD$$
$$= A(BC + BD) + C(AD + BD)$$
$$= \overline{A \cdot \overline{BC} \cdot \overline{BD}} \cdot \overline{C \cdot \overline{AD} \cdot \overline{BD}}$$

③画出用"与非门"构成的逻辑电路如图 4-1-1 所示。

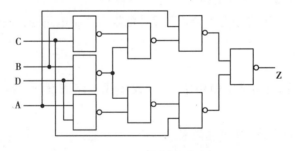

图 4-1-1 表决电路逻辑图

④用实验验证逻辑功能。从图 4-1-1 可以看出,此项实验需要 8 个二输入"与非门",因此,选 2 个 74LS00 即可。在实验装置适当位置选定 2 个 14P 插座,按照集成块定位标记插好集成块 74LS00。

按图 4-1-1 所示接线,输入端 A、B、C、D 接至逻辑电平开关输出插口,输出端 Z 接逻辑电平显示输入插口,按真值表(自拟)要求,逐次改变输入变量,测量相应的输出值,验证逻辑功能,与表 4-1-1 进行比较,验证所设计的逻辑电路是否符合要求。

4.1.3 实验设备与器件

①数字电路实验箱;
②数字万用表;

③74LS00(或 CC4011),74LS20(或 CC4013),74LS86(或 CC4030),74LS08(或 CC4081),74LS54(或 CC4085),74LS02(或 CC4001),74LS138。

4.1.4　实验预习要求

①查出以下集成芯片功能及引脚图：

74LS00(或 CC4011),74LS20(或 CC4013),74LS86(或 CC4030),74LS08(或 CC4081),74LS54(或 CC4085),74LS02(或 CC4001)

②了解 TTL 器件 CMOS 器件的特点和使用规则。

③复习组合逻辑电路设计的一般步骤。

④用 Multisim 软件对所设计的内容进行仿真,验证设计是否正确。

4.1.5　实验内容

①测试所用门电路的逻辑功能,自拟表格记录。

②用 74LS00 设计一个 4 人表决电路,多数赞成则通过。

③用 74LS00 设计一个半加器。

④用 74LS00、74LS20 设计一个组合逻辑电路,当输入变量 A_2,A_1,A_0 对应的十进制数大于 2 小于 6 时,输出 Y 才为 1。

⑤设计对两个两位无符号的二进制数进行比较的电路;根据第一个数是否大于、等于、小于第二个数,使相应的三个输出端中的一个输出为"1"。

⑥用"与非门"设计血型配对电路。

设计要求：

a.人类有 4 种基本血型:A、B、AB、O 型。

b.输血者与受血者的血型必须符合下述原则:O 型可以给任意血型的人输血,但 O 型血的人只能接受 O 型血;AB 型血只能输给 AB 型血的人,但 AB 血型的人能接受所有血型的血;A 型血能输血给 A 型与 AB 型血的人,A 型血的人能接受 A 型与 O 型血;B 型血能给 B 型与 AB 型血的人输血,B 型血的人能接受 B 型与 O 型血。如果符合规定,输出高电平。

c.约定:"00"代表"O"型;"01"代表"A"型;"10"代表"B"型;"11"代表"AB"型。

4.1.6　实验报告

①列写实验任务的设计过程,画出设计的电路图。

②对所设计的电路进行实验测试,列表记录测试结果。

③总结实验过程中出现的故障和排除故障的方法。

4.1.7　思考题

①如何用最简单的方法验证"与非门"的逻辑功能是否完好？

②"与""与非""或""或非"门,多余输入端分别应如何处理？"与或非"门中,当某一组"与"端不用时,应如何处理？

4.2 译码器及其应用

4.2.1 实验目的

①通过自拟实验方案、自选仪器设备,掌握中规模集成译码器逻辑功能的测量方法及使用。
②熟悉数码管的使用。

4.2.2 实验原理

译码器是一个多输入、多输出的组合逻辑电路。它的作用是对给定的代码进行"翻译",变成相应的状态,使输出通道中相应的一路有信号输出。译码器在数字系统中有着广泛的用途,用于代码的转换、终端的数字显示,还用于数据分配、存储器寻址和组合控制信号等。不同的功能可选用不同种类的译码器。

(1)变量译码器

用以表示输入变量的状态,如2—4线、3—8线和4—16线译码器。若有 n 个输入变量,则有 2^n 个不同的组合状态,就有 2^n 个输出端供其使用。而每一个输出所代表的函数对应 n 个输入变量的最小项。

以3—8线译码器74LS138为例进行分析,图4-2-1(a)为其逻辑图,(b)为其引脚排列。其中 A_2、A_1、A_0 为地址输入端,$\overline{Y_0} \sim \overline{Y_7}$ 为译码输出端,S_1、$\overline{S_2}$、$\overline{S_3}$ 为使能端。

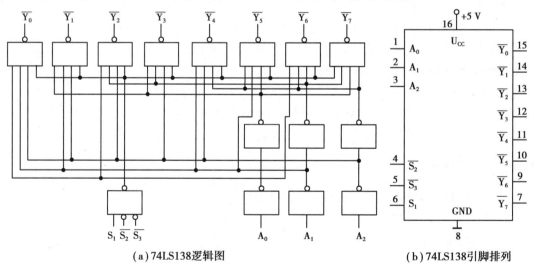

(a)74LS138逻辑图　　　　　　　　(b)74LS138引脚排列

图 4-2-1　3—8 线译码器 74LS138 逻辑图及引脚排列

表 4-2-1 为 74LS138 功能表。

当 $S_1 = 1$,$\overline{S_2} + \overline{S_3} = 0$ 时,器件使能,地址码所指定的输出端有信号(为 0)输出,其他所有输出端均无信号(全为 1)输出。当 $S_1 = 0$,$\overline{S_2} + \overline{S_3} = X$ 时,或 $S_1 = X$,$\overline{S_2} + \overline{S_3} = 1$ 时,译码器被禁止,所有输出同时为 1。

表 4-2-1　74LS138 **功能表**

输　入					输　出							
S_1	$\overline{S_2}+\overline{S_3}$	A_2	A_1	A_0	$\overline{Y_0}$	$\overline{Y_1}$	$\overline{Y_2}$	$\overline{Y_3}$	$\overline{Y_4}$	$\overline{Y_5}$	$\overline{Y_6}$	$\overline{Y_7}$
1	0	0	0	0	0	1	1	1	1	1	1	1
1	0	0	0	1	1	0	1	1	1	1	1	1
1	0	0	1	0	1	1	0	1	1	1	1	1
1	0	0	1	1	1	1	1	0	1	1	1	1
1	0	1	0	0	1	1	1	1	0	1	1	1
1	0	1	0	1	1	1	1	1	1	0	1	1
1	0	1	1	0	1	1	1	1	1	1	0	1
1	0	1	1	1	1	1	1	1	1	1	1	0
0	×	×	×	×	1	1	1	1	1	1	1	1
×	1	×	×	×	1	1	1	1	1	1	1	1

　　二进制译码器也是负脉冲输出的脉冲分配器。若利用使能端中的一个输入端输入数据信息,器件就成为一个数据分配器(又称多路分配器),如图 4-2-2 所示。若 S_1 在输入端输入数据信息,$\overline{S_2}=\overline{S_3}=0$,地址码所对应的输出是 S_1 数据信息的反码;若从 $\overline{S_2}$ 端输入数据信息,令 $S_1=1,\overline{S_3}=0$,地址码所对应的输出就是 $\overline{S_2}$ 端数据信息的原码。若数据信息是时钟脉冲,则数据分配器便成为时钟脉冲分配器。

　　根据输入地址的不同组合译出唯一的地址,故可用作地址译码器。接成多路分配器,可将一个信号源的数据信息传输到不同的地点。

　　二进制译码器还能方便地实现逻辑函数,如图 4-2-3 所示,实现的逻辑函数是

$$Z = \overline{A}\,\overline{B}\,\overline{C} + A\overline{B}\,\overline{C} + ABC + \overline{A}BC$$

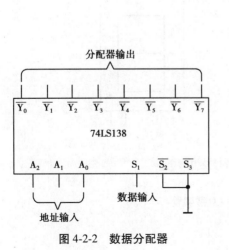

图 4-2-2　数据分配器

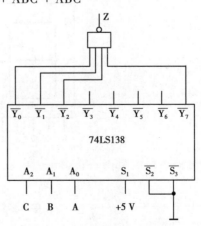

图 4-2-3　实现逻辑函数

113

利用使能端能方便地将两个 3/8 译码器组合成一个 4/16 译码器,如图 4-2-4 所示。

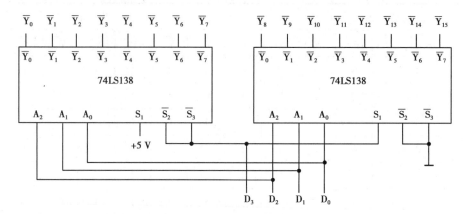

图 4-2-4　用两片 74LS138 组合成 4/16 译码器

(2)数码显示译码器

1)七段发光二极管(LED)数码管

LED 数码管是目前最常用的数字显示器,图 4-2-5(a)、(b)为共阴管和共阳管的电路,(c)为两种不同出线形式的引出脚功能图。

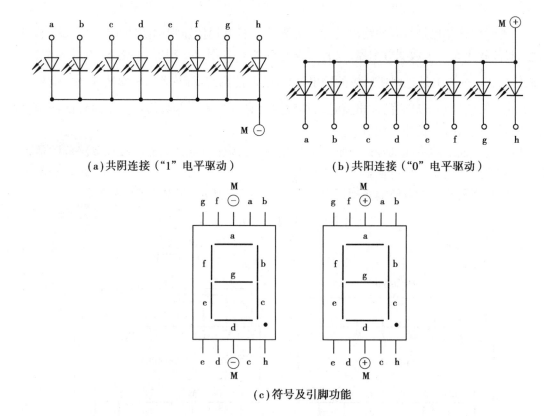

(a)共阴连接("1"电平驱动)　　　　　(b)共阳连接("0"电平驱动)

(c)符号及引脚功能

图 4-2-5　LED 数码管

一个 LED 数码管可用来显示一位 0~9 十进制数和一个小数点。小型数码管(0.5 寸和 0.36 寸)每段发光二极管的正向压降,随显示光(通常为红、绿、黄、橙色)的颜色不同略有差别,通常为 2~2.5 V,每个发光二极管的点亮电流在 5~10 mA。LED 数码管要显示 BCD 码所表示的十进制数字就需要有一个专门的译码器,该译码器不但要完成译码功能,还要有相当的驱动能力。

2)BCD 码七段译码驱动器

此类译码器型号有 74LS47(共阳)、CC4511(共阴)等,本实验采用 CC4511 BCD 码锁存/七段译码/驱动器。驱动共阴极 LED 数码管。图 4-2-6 所示为 CC4511 引脚排列。

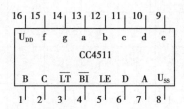

图 4-2-6　CC4511 引脚排列

D、C、B、A:BCD 码输入端。

a、b、c、d、e、f、g:译码输出端,输出"1"有效,用来驱动共阴极 LED 数码管。

$\overline{LT}$:测试输入端,$\overline{LT}$="0"时,译码输出全为"1"。

$\overline{BI}$:消隐输入端,$\overline{BI}$="0"时,译码输出全为"0"。

LE:锁定端,LE="1"时译码器处于锁定(保持)状态,译码输出保持在 LE=0 时的数值,LE=0 为正常译码。

表 4-2-2 为 CC4511 功能表。CC4511 内接上拉电阻,故只需在输出端与数码管笔端之间串入限流电阻即可工作。译码器还有拒伪码功能,当输入码超过 1001 时,输出全为"0",数码管熄灭。

表 4-2-2　CC4511 功能表

输　入							输　出							
LE	$\overline{BI}$	$\overline{LT}$	D	C	B	A	a	b	c	d	e	f	g	显示字形
×	×	0	×	×	×	×	1	1	1	1	1	1	1	日
×	0	1	×	×	×	×	0	0	0	0	0	0	0	消隐
0	1	1	0	0	0	0	1	1	1	1	1	1	0	口
0	1	1	0	0	0	1	0	1	1	0	0	0	0	丨
0	1	1	0	0	1	0	1	1	0	1	1	0	1	己
0	1	1	0	0	1	1	1	1	1	1	0	0	1	彐

续表

输入							输出							显示字形
LE	$\overline{BI}$	$\overline{LT}$	D	C	B	A	a	b	c	d	e	f	g	
0	1	1	0	1	0	0	0	1	1	0	0	1	1	![4]
0	1	1	0	1	0	1	1	0	1	1	0	1	1	![5]
0	1	1	0	1	1	0	0	0	1	1	1	1	1	![6]
0	1	1	0	1	1	1	1	1	1	0	0	0	0	![7]
0	1	1	1	0	0	0	1	1	1	1	1	1	1	![8]
0	1	1	1	0	0	1	1	1	1	0	0	1	1	![9]
0	1	1	1	0	1	0	0	0	0	0	0	0	0	消隐
0	1	1	1	0	1	1	0	0	0	0	0	0	0	消隐
0	1	1	1	1	0	0	0	0	0	0	0	0	0	消隐
0	1	1	1	1	0	1	0	0	0	0	0	0	0	消隐
0	1	1	1	1	1	0	0	0	0	0	0	0	0	消隐
0	1	1	1	1	1	1	0	0	0	0	0	0	0	消隐
1	1	1	×	×	×	×	锁 存							锁存

CC4511 与 LED 数码管的连接如图 4-2-7 所示。

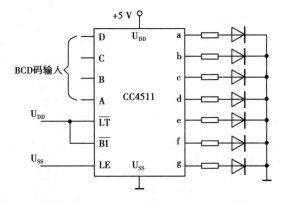

图 4-2-7　CC4511 驱动一位 LED 数码管

4.2.3　实验设备与器件

①数字电路实验箱　1 台；
②双踪示波器　1 台；
③数字万用表　1 块；
④74LS138×2、CC4511、共阴极数码管 BS202、电阻 510 Ω×7。

4.2.4　实验预习要求

①阅读 LED 数码显示器件基本常识及使用注意事项。
②复习译码器和分配器的原理。
③画出各实验所需的实验线路及记录表格。
④用 Multisim 软件对实验内容进行仿真测试,并打印出仿真电路图及测试结果。

4.2.5　实验内容

①译码器 CC4511 及共阴数码管的配合使用。自拟实验方案、实验步骤、画出实验线路、拟出实验所需记录表格。

a.应用译码器的驱动功能测试数码管的好坏。

b.测试二进制数到十进制数的译码显示,把结果记录到表格中,说明它的工作过程(比如二进制数 0111 译码显示结果为 7)。

②74LS138 译码器逻辑功能测试。根据 74LS138 的逻辑功能表(表 4-2-1),自拟实验方案、实验线路、实验步骤逐项测试 74LS138 的逻辑功能,自拟表格进行数据记录。

③用 74LS138 构成时序脉冲分配器。参照图 4-2-2 和实验原理说明,时钟脉冲 CP 频率约为 10 kHz,要求分配器输出端 $\overline{Y_0} \sim \overline{Y_7}$ 的信号与 CP 输入信号同相。

画出分配器的实验电路,选择适当的仪器设备,观察和记录在地址端 A_2,A_1,A_0 分别取 000～111 共 8 种不同状态时,$\overline{Y_0} \sim \overline{Y_7}$ 端的输出,注意输出端与 CP 输入端之间的关系。

④用译码器 74LS138 实现组合逻辑电路:$Z = \overline{A}\ \overline{B}\ C + A\ \overline{B}\ \overline{C} + ABC + \overline{A}\ B\ \overline{C}$。

⑤用两片 74LS138 组合成一个 4—16 线译码器,并进行实验。

4.2.6　实验报告

①画出实验线路,把观察到的波形画在坐标纸上,并标上对应的地址码。
②对实验结果进行分析、讨论。

4.2.7　思考题

①CC4511 的拒伪码功能体现在哪里?
②怎样用万用表判断数码管的好坏?
③共阴极数码管和共阳极数码管区别在哪里?
④用 74LS138 构成脉冲分配器时,若 $A_2 A_1 A_0 = 101$,那么输出端中哪个才会有波形输出?

4.3 数据选择器及其应用

4.3.1 实验目的

①掌握中规模集成数据选择器逻辑功能的测量方法。
②学习用数据选择器构成组合逻辑电路的方法。

4.3.2 实验原理

数据选择器又称"多路开关"。数据选择器在地址码(或叫选择控制)电位的控制下,从几个数据输入中选择一个并将其送到一个公共的输出端。数据选择器的功能类似单刀多掷开关,如图 4-3-1 所示,图中有四路数据 $D_0 \sim D_3$,通过选择控制信号 $A_1 \sim A_0$(地址码)从四路数据中选中某一路数据送至输出端 Q。

数据选择器是逻辑设计中应用十分广泛的逻辑器件,它有 2 选 1、4 选 1、8 选 1、16 选 1 等类别。

数据选择器的电路结构一般由"与或门"阵列组成,也有用传输门开关和门电路混合而成的。

(1)8 选 1 数据选择器 74LS151

74LS151 为互补输出的 8 选 1 数据选择器,引脚排列如图 4-3-2 所示,功能如表 4-3-1 所示。

选择控制端(地址端)为 $A_2 \sim A_0$,按二进制译码,从 8 个输入数据 $D_0 \sim D_7$ 中,选择一个需要的数据送到输出端 Q,$\overline{S}$ 为使能端,低电平有效。

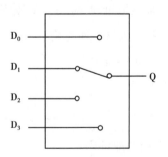

图 4-3-1　4 选 1 数据选择器示意图

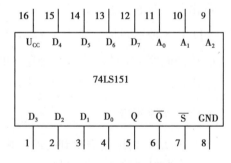

图 4-3-2　74LS151 引脚排列

表 4-3-1　74LS151 功能表

输　入				输　出	
$\overline{S}$	A_2	A_1	A_0	Q	$\overline{Q}$
1	×	×	×	0	1
0	0	0	0	D_0	$\overline{D_0}$

续表

输 入				输 出	
$\overline{S}$	A_2	A_1	A_0	Q	$\overline{Q}$
0	0	0	1	D_1	$\overline{D_1}$
0	0	1	0	D_2	$\overline{D_2}$
0	0	1	1	D_3	$\overline{D_3}$
0	1	0	0	D_4	$\overline{D_4}$
0	1	0	1	D_5	$\overline{D_5}$
0	1	1	0	D_6	$\overline{D_6}$
0	1	1	1	D_7	$\overline{D_7}$

①使能端 $\overline{S}=1$ 时,不论 $A_2 \sim A_0$ 状态如何,均无输出($Q=0$,$\overline{Q}=1$),多路开关被禁止。

②使能端 $\overline{S}=0$ 时,多路开关正常工作,根据地址码 A_2、A_1、A_0 的状态,选择 $D_0 \sim D_7$ 中某一个通道的数据输送到输出端 Q。

若:$A_2A_1A_0=000$,则选择 D_0 数据到输出端,即 $Q=D_0$。

若:$A_2A_1A_0=001$,则选择 D_1 数据到输出端,即 $Q=D_1$,其余依次类推。

(2) 双 4 选 1 数据选择器 74LS153

所谓双 4 选 1 数据选择器就是在一块集成芯片上有两个 4 选 1 数据选择器。引脚排列如图 4-3-3,功能如表 4-3-2。

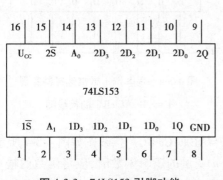

图 4-3-3 74LS153 引脚功能

表 4-3-2 74LS153 功能表

输 入			输 出
$\overline{S}$	A_1	A_0	Q
1	×	×	0
0	0	0	D_0
0	0	1	D_1
0	1	0	D_2
0	1	1	D_3

$1\overline{S}$、$2\overline{S}$ 为两个独立的使能端;A_1、A_0 为公用的地址输入端;$1D_0 \sim 1D_3$ 和 $2D_0 \sim 2D_3$ 分别为两个 4 选 1 数据选择器的数据输入端;Q_1、Q_2 为两个输出端。

①当使能端 $1\overline{S}(2\overline{S})=1$ 时,多路开关被禁止,无输出,$Q=0$。

②当使能端 $1\overline{S}(2\overline{S})=0$ 时,多路开关正常工作,根据地址码 A_1、A_0 的状态,将相应的数据

$D_0 \sim D_3$ 送到输出端 Q。

若：$A_1A_0 = 00$，则选择 D_0 数据到输出端，即 $Q = D_0$。

若 $A_1A_0 = 01$，则选择 D_1 数据到输出端，即 $Q = D_1$，其余依次类推。

数据选择器的用途很多，例如，多通道传输、数码比较、并行码变串行码以及实现逻辑函数等。

(3) 数据选择器的应用——实现逻辑函数

例 1：用 8 选 1 数据选择器 74LS151 实现函数

$$F = A\overline{B} + \overline{A}C + B\overline{C}$$

采用 8 选 1 数据选择器 74LS151 可实现任意三输入变量的组合逻辑函数。

做出函数 F 的真值表，如表 4-3-3 所示，将函数 F 功能表与 8 选 1 数据选择器的功能表相比较，可知

①将输入变量 C、B、A 作为 8 选 1 数据选择器的地址码 A_2，A_1，A_0。

②使 8 选 1 数据选择器的各数据输入 $D_0 \sim D_7$ 分别与函数 F 的输出值一一对应。

即：$A_2A_1A_0 = CBA$，

$$D_0 = D_7 = 0 \quad D_1 = D_2 = D_3 = D_4 = D_5 = D_6 = 1$$

$$F = A\overline{B} + \overline{A}C + B\overline{C}$$

表 4-3-3　函数 F 的真值表

输　　入			输　　出
C	B	A	F
0	0	0	0
0	0	1	1
0	1	0	1
0	1	1	1
1	0	0	1
1	0	1	1
1	1	0	1
1	1	1	0

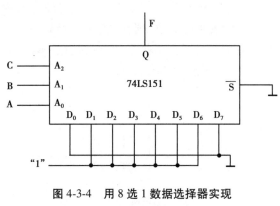

图 4-3-4　用 8 选 1 数据选择器实现

$F = A\overline{B} + \overline{A}C + B\overline{C}$ 的接线图

则 8 选 1 数据选择器的输出 Q 便实现了函数 $F = A\overline{B} + \overline{A}C + B\overline{C}$。接线图如图 4-3-4 所示。

显然，采用具有 n 个地址端的数据选择器实现 n 变量的逻辑函数时，应将函数的输入变量加到数据选择器的地址端(A)，选择器的数据端(D)按次序以函数 F 输出值来赋值。

例 2：用 8 选 1 数据选择器 74LS151 实现函数 $F = A\overline{B} + \overline{A}B$

①列出函数的真值表如表 4-3-4 所示。

②将 A、B 加到地址端 A_1、A_0，而 A_2 接地，由表 4-3-4 可见，将 D_1、D_2 接"1"及 D_0、D_3 接地，其余数据输入端 $D_4 \sim D_7$ 都接地，则 8 选 1 数据选择器的输出 Q，便实现了函数 $F = A\overline{B} + \overline{A}B$。

接线图如图 4-3-5 所示。

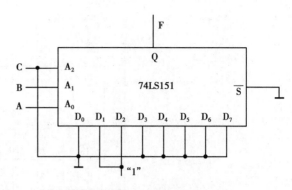

表 4-3-4　真值表

B	A	F
0	0	0
0	1	1
1	0	1
1	1	0

图 4-3-5　8 选 1 数据选择器实现
$F = A\bar{B} + \bar{A}B$ 的接线图

显然,当函数输入变量数小于数据选择器的地址端(A)时,应将不用的地址端及不用的数据输入端(D)都接地。

例 3:用 4 选 1 数据选择器 74LS153 实现函数

$$F = \bar{A}BC + A\bar{B}\bar{C} + AB\bar{C} + ABC$$

函数 F 的功能见表 4-3-5。

函数 F 有 3 个输入变量 A、B、C,而数据选择器只有两个地址端 A_1、A_0,少于函数输入变量个数,在设计时可任选 A 接 A_1,B 接 A_0。将函数功能表改画成表 4-3-6 形式,可见当将输入变量 A、B、C 中 A、B 接数据选择器的地址端 A_1、A_0,由表 4-3-6 可看出

$$D_0 = 0, D_1 = D_2 = C, D_3 = 1$$

则 4 选 1 数据选择器的输出便实现了函数 $F = \bar{A}BC + A\bar{B}\bar{C} + AB\bar{C} + ABC$,接线图如图 4-3-6 所示。

表 4-3-5　真值表

输入			输出
A	B	C	F
0	0	0	0
0	0	1	0
0	1	0	0
0	1	1	1
1	0	0	0
1	0	1	1
1	1	0	1
1	1	1	1

表 4-3-6　改进真值表

输入			输出	选中
A	B	C	F	数据端
0	0	0	0	$D_0 = 0$
0	0	1	0	
0	1	0	0	$D_1 = C$
0	1	1	1	
1	0	0	0	$D_2 = C$
1	0	1	1	
1	1	0	1	$D_3 = 1$
1	1	1	1	

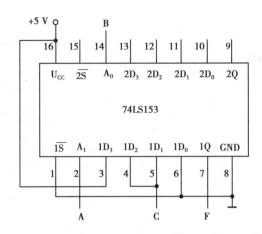

图 4-3-6　用 4 选 1 数据选择器实现 $F = \overline{A}\,BC + A\,\overline{B}C + AB\,\overline{C} + ABC$

4.3.3　实验设备与器件

①数字电路实验箱　1 台；
②数字万用表　1 块；
③74LS151（或 CC4512）、74LS153（CC4539）、74LS00（或 CC4011）。

4.3.4　实验预习要求

①复习数据选择器的工作原理。
②用 Multisim 软件对实验内容中各函数式进行预设计，并仿真测试、记录仿真测试结果。

4.3.5　实验内容

（1）测试数据选择器 74LS151 的逻辑功能
根据 74LS151 功能表及引脚排列，自拟实验方案测试 74LS151 的逻辑功能，并把测试结果记录于自拟表格中。

（2）测试 74LS153 的逻辑功能
测试方法及步骤同上，记录结果。

（3）用 8 选 1 数据选择器 74LS151 设计三输入多数表决电路
①写出设计步骤。
②根据选用的器件画出电路图，并安装调试。
③写出实验步骤和测试方法。
④分析实验结果，排除实验过程中出现的故障。

（4）用 8 选 1 数据选择器实现逻辑函数 $F = \overline{A}\,\overline{B}\,C + \overline{A}\,B\,\overline{C} + A\,\overline{B}\,\overline{C}$
①写出设计步骤。
②根据选用的器件画出电路图，并安装调试。
③写出实验步骤和测试方法。
④分析实验结果，排除实验过程中出现的故障。

（5）用双 4 选 1 数据选择器 74LS153 实现全加器

①写出设计步骤。

②根据选用的器件画出电路图，并安装调试。

③写出实验步骤和测试方法。

④分析实验结果，排除实验过程中出现的故障。

4.3.6　实验报告

用数据选择器对实验内容进行设计、写出设计全过程、画出接线图并进行逻辑功能测试；总结实验收获及体会。

4.3.7　思考题

①用 8 选 1 数据选择器来实现逻辑函数，如果逻辑函数中只有 2 个变量，那么数据选择器地址端多余的端子怎么处理？

②用 4 选 1 数据选择器来实现逻辑函数，如果逻辑函数中有 3 个变量，而数据选择器地址端只有两个变量，怎样得到第 3 个变量？

4.4　触发器及其应用

4.4.1　实验目的

①掌握基本 RS、JK、D 等触发器的逻辑功能的测试方法。

②掌握集成触发器的使用方法。

4.4.2　实验原理

触发器具有两个稳定状态，用以表示逻辑状态"1"和"0"。在一定的外界信号作用下，可以从一种稳定状态翻转到另一个稳定状态，它是一个具有记忆功能的二进制信息存储器件，是构成各种时序电路的最基本的逻辑单元。

（1）基本 RS 触发器

图 4-4-1 是由两个"与非门"交叉耦合构成的基本 RS 触发器，它是无时钟控制低电平直接触发的触发器。基本 RS 触发器具有置"0"、置"1"和"保持"3 种功能。通常称 $\bar{S}$ 为置"1"端，因为 $\bar{S}=0(\bar{R}=1)$ 时触发器被置"1"；$\bar{R}$ 为置"0"端，因为 $\bar{R}=0(\bar{S}=1)$ 时触发器被置"0"；当 $\bar{R}=\bar{S}=1$ 时状态保持；$\bar{R}=\bar{S}=0$ 时，触发器输出状态不定，应避免此种情况发生，表 4-4-1 为基本 RS 触发器的功能表。

基本 RS 触发器也可以用两个"或非门"组成，此时高电平触发有效。

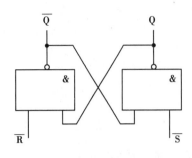

图 4-4-1　基本 RS 触发器

表 4-4-1　基本 RS 触发器功能表

输　入		输　出	
$\overline{S}$	$\overline{R}$	Q^{n+1}	$\overline{Q^{n+1}}$
0	1	1	0
1	0	0	1
1	1	Q^n	$\overline{Q^n}$
0	0	φ	φ

（2）JK 触发器

在输入信号为双端的情况下，JK 触发器是功能完善、使用灵活和通用性较强的一种触发器。本实验采用的 74LS112 双 JK 触发器是下降沿触发的边沿触发器。引脚功能及逻辑符号如图 4-4-2 所示。

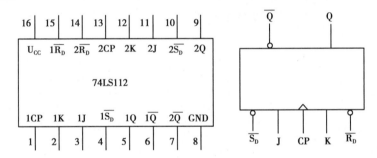

图 4-4-2　74LS112 双 JK 触发器引脚排列及逻辑符号

JK 触发器的状态方程为

$$Q^{n+1} = J\,\overline{Q^n} + \overline{K}Q^n$$

J 和 K 是数据输入端，是触发器状态更新的依据，若 J、K 有 2 个或 2 个以上输入端时，组成"与"的关系。Q 与 $\overline{Q}$ 为 2 个互补输出端。通常把 Q=0、$\overline{Q}$=1 的状态定为触发器"0"状态；而把 Q=1、$\overline{Q}$=0 的状态定为触发器"1"状态。

74LS112 的逻辑功能见表 4-4-2。

表 4-4-2　74LS112 逻辑功能表

输　入					输　出	
$\overline{S_D}$	$\overline{R_D}$	CP	J	K	Q^{n+1}	$\overline{Q^{n+1}}$
0	1	×	×	×	1	0
1	0	×	×	×	0	1
0	0	×	×	×	φ	φ
1	1	↓	0	0	Q^n	$\overline{Q^n}$

输　　入					输　　出	
$\overline{S_D}$	$\overline{R_D}$	CP	J	K	Q^{n+1}	$\overline{Q^{n+1}}$
1	1	↓	1	0	1	0
1	1	↓	0	1	0	1
1	1	↓	1	1	$\overline{Q^n}$	Q^n
1	1	↑	×	×	Q^n	$\overline{Q^n}$

注:×:任意态　↓:下降沿　↑:上升沿　$Q^n(\overline{Q^n})$:初态　$Q^{n+1}(\overline{Q^{n=1}})$:次态　φ:不定状态

JK 触发器常被用作缓冲存储器、移位寄存器和计数器。

(3)D 触发器

在输入信号为单端的情况下,D 触发器使用起来最为方便,其状态方程为

$$Q^{n+1} = D^n$$

其输出状态的更新发生在 CP 脉冲的上升沿,故又称为上升沿触发的边沿触发器,触发器的状态只取决于时钟到来前 D 端的状态,D 触发器的应用较广,可用于数字信号的寄存、移位寄存、分频和波形发生等。其型号较多可供各种用途的需要而选用。如双 D—74LS74、四 D—74LS175、六 D—74LS174 等。

图 4-4-3 为双 D—74LS74 的引脚排列及逻辑符号,其功能如表 4-4-3 所示。

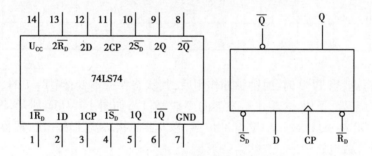

图 4-4-3　74LS74 的引脚排列及逻辑符号

表 4-4-3　74LS74 逻辑功能表

输　　入				输　　出	
$\overline{S_D}$	$\overline{R_D}$	CP	D	Q^{n+1}	$\overline{Q^{n+1}}$
0	1	×	×	1	0
1	0	×	×	0	1
0	0	×	×	φ	φ
1	1	↑	1	1	0
1	1	↑	0	0	1
1	1	↓	×	Q^n	$\overline{Q^n}$

（4）触发器之间的相互转换

在集成触发器的产品中，每一种触发器都有其固定的逻辑功能，可以利用转换的方法获得具有其他功能的触发器。例如，将 JK 触发器的 J、K 两端连在一起，并认它为 T 端，就得到所需的 T 触发器。如图 4-4-4(a) 所示，其状态方程为

$$Q^{n+1} = T\overline{Q^n} + \overline{T}Q^n$$

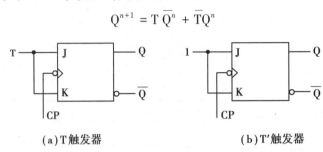

（a）T 触发器　　　　　　　　　　　（b）T′触发器

图 4-4-4　JK 触发器转换为 T、T′触发器

T 触发器的功能见表 4-4-4。

表 4-4-4　T 触发器逻辑功能表

输　入				输　出
$\overline{S_D}$	$\overline{R_D}$	CP	T	Q^{n+1}
0	1	×	×	1
1	0	×	×	0
1	1	↓	0	Q^n
1	1	↓	1	$\overline{Q^n}$

由功能表可见，当 T=0 时，时钟脉冲作用后，其状态保持不变；当 T=1 时，时钟脉冲作用后，触发器状态翻转。所以，若将 T 触发器的 T 端置"1"，如图 4-4-4(b) 所示，即得 T′触发器。在 T′触发器的 CP 端每接收一个 CP 脉冲信号，触发器的状态就翻转一次，故称之为反转触发器，其广泛用于计数电路中。

同样，若将 D 触发器 $\overline{Q}$ 端与 D 端相连，便转成 T′触发器。如图 4-4-5 所示。JK 触发器也可转换为 D 触发器，如图 4-4-6 所示。

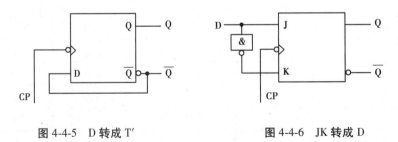

图 4-4-5　D 转成 T′　　　　　　　　　　图 4-4-6　JK 转成 D

4.4.3　实验设备与器件

①数字电路实验箱　1 台。
②数字万用表　1 块。
③双踪示波器　1 台。
④74LS00、74LS112、74LS74 各 1 套。

4.4.4　实验预习要求

①从手册中查出 74LS00、74LS74、74LS76（或 74LS112）集成芯片的引脚图。熟悉引脚的功能。
②复习触发器有关内容。
③列出各触发器功能测试表格。
④根据图 4-4-7,画出该电路图的理论波形图。

4.4.5　实验内容

（1）测试基本 RS 触发器的逻辑功能

如图 4-4-1 所示,自拟实验方案测试基本 RS 触发器的逻辑功能。按表 4-4-5 的要求测试,并将结果记入表格中。

表 4-4-5　基本 RS 触发器实验记录表

$\overline{R}$	$\overline{S}$	Q	$\overline{Q}$
1	1→0		
	0→1		
1→0	1		
0→1			
0	0		

（2）测试双 JK 触发器 74LS112 逻辑功能

1）测试 $\overline{R_D}$、$\overline{S_D}$ 的复位、置位功能

任取一只 JK 触发器,$\overline{R_D}$、$\overline{S_D}$、J、K 端接逻辑开关输出插口,CP 端接单次脉冲源,Q、$\overline{Q}$ 端接至逻辑电平显示输入插口。要求改变 $\overline{R_D}$、$\overline{S_D}$（J、K、CP 处于任一状态）,并在 $\overline{R_D}$ = 0（$\overline{S_D}$ = 1）或 $\overline{S_D}$ = 0（$\overline{R_D}$ = 1）作用期间任意改变 J、K 及 CP 的状态,观察 Q、$\overline{Q}$ 状态。自拟表格并记录结果。

2）测试 JK 触发器的逻辑功能

按表 4-4-6 的要求改变 J、K、CP 端状态,观察 Q、$\overline{Q}$ 状态变化,观察触发器状态更新是否发生在 CP 脉冲的下降沿（即 CP 由 1→0）,记录结果。

3）将 JK 触发器的 J、K 端连在一起,构成 T 触发器

①在 CP 端输入 1 Hz 连续脉冲,观察 Q 端的变化。

②在 CP 端输入 1 kHz 连续脉冲,用双踪示波器观察 CP、Q、$\overline{Q}$ 端波形,注意相位关系,描绘结果。

表 4-4-6　JK 触发器逻辑功能实验记录表

J	K	CP	Q^{n+1}	
			$Q^n = 0$	$Q^n = 1$
0	0	0→1		
		1→0		
0	1	0→1		
		1→0		
1	0	0→1		
		1→0		
1	1	0→1		
		1→0		

(3)测试双 D 触发器 74LS74 的逻辑功能

①测试 $\overline{R_D}$、$\overline{S_D}$ 的复位、置位功能

测试方法同实验内容(1)、(2),自拟表格记录结果。

②测试 D 触发器的逻辑功能

按表 4-4-7 的要求进行测试,并观察触发器状态更新是否发生在 CP 脉冲的上升沿(即由 0→1),记录结果。

表 4-4-7　D 触发器实验记录表

D	CP	Q^{n+1}	
		$Q^n = 0$	$Q^n = 1$
0	0→1		
	1→0		
1	0→1		
	1→0		

③将 D 触发器的 $\overline{Q}$ 端与 D 端相连接,构成 T′触发器。

测试方法同实验内容 2、3,记录结果。

(4)双相时钟脉冲电路

图 4-4-7 是用 JK 触发器及"与非门"构成的双相时钟脉冲电路,此电路是用来将时钟脉冲 CP 转换成两相时钟脉冲 CP_A 及 CP_B,其频率相同,相位不同。

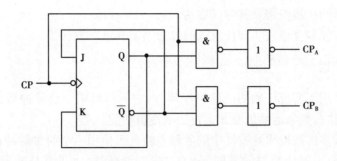

图 4-4-7　双相时钟脉冲电路

如图 4-4-7 所示,画出完整的实验线路图,自拟实验步骤和测试方法并进行实验,分析实验结果,排除实验过程中出现的故障。把实验结果按图 4-4-8 的要求进行描绘。

图 4-4-8　双相时钟脉冲电路波形图

4.4.6　实验报告

①列表整理各类触发器的逻辑功能。

②总结观察到的波形,说明触发器的触发方式。

③利用普通的机械开关组成的数据开关所产生的信号是否可作为触发器的时钟脉冲信号? 为什么? 是否可以用作触发器的其他输入端的信号? 为什么?

4.4.7　思考题

①74LS112、74LS74 的状态更新分别发生在何时?

②只要 JK、D 触发器有有效脉冲输入,触发器的输出端就一定发生改变吗?

③怎样设置 JK、D 触发器的初态?

④在双相时钟脉冲电路中,CP、CP_A、CP_B 的频率有什么关系?

4.5　计数器及其应用

4.5.1　实验目的

①掌握中规模集成计数器的使用及其功能测试方法。

②掌握计数器的扩展使用及其测试方法。

③掌握用置位法和复位法实现任意进制计数器及其测试方法。

4.5.2 实验原理

计数器是一个用于实现计数功能的时序部件,它不仅可用于计脉冲数,还常用于数字系统的定时、分频和执行数字运算以及其他特定的逻辑功能。

计数器种类很多。按构成计数器中的各触发器是否使用一个时钟脉冲源来分,有同步计数器和异步计数器;根据计数制的不同,分为二进制计数器、十进制计数器和任意进制计数器;根据计数的增减趋势,又分为加法、减法和可逆计数器;还有可预置数和可编程序功能计数器等。目前,无论是 TTL 还是 CMOS 集成电路,都有品种较齐全的中规模集成计数器。使用者只要借助器件手册提供的功能表、工作波形图以及管脚图,就能正确地运用这些器件。

(1)中规模十进制计数器

74LS192 是非同步十进制可逆计数器,具有双时钟输入、清除和置数等功能,其引脚排列及逻辑符号如图 4-5-1 所示。74LS192 的功能如表 4-5-1 所示。

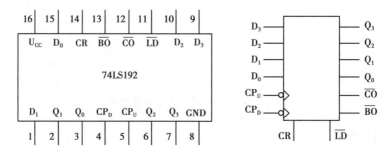

图 4-5-1　74LS192 引脚排列及逻辑符号

左图中:

$\overline{\text{LD}}$:置数端　　CP_U:加计数端　　CP_D:减计数端　　CR:清除端

$\overline{\text{CO}}$:非同步进位输出端　　　　$\overline{\text{BO}}$:非同步借位输出端

D_3、D_2、D_1、D_0:置数输入端

Q_3、Q_2、Q_1、Q_0:计数输出端

表 4-5-1　74LS192 的逻辑功能表

输　入								输　出			
CR	$\overline{\text{LD}}$	CP_U	CP_D	D_3	D_2	D_1	D_0	Q_3	Q_2	Q_1	Q_0
1	×	×	×	×	×	×	×	0	0	0	0
0	0	×	×	d	c	b	a	d	c	b	a
0	1	↑	1	×	×	×	×	加计数			
0	1	1	↑	×	×	×	×	减计数			

当 CR=1,计数器清零;CR=0,则执行其他功能。

当 $CR = 0, \overline{LD} = 0$ 时,数据直接从置数端 D_3, D_2, D_1, D_0 置入计数器。

当 $CR = 0, \overline{LD} = 1$ 时,执行计数功能。执行加计数时,减计数端 CP_D 接高电平,计数脉冲由 CP_U 输入;在计数脉冲上升沿进行 8421 码十进制加法计数。执行减计数时,加计数端 CP_U 接高电平,计数脉冲由 CP_D 输入。

(2)计数器的级联使用

一个十进制计数器只能表示 0~9 十个数,为了扩大计数器范围,常用多个十进制计数器级联使用。

同步计数器往往设有进位(或借位)输出端,故可选用其进位(或借位)输出信号驱动下一级计数器。

如图 4-5-2 所示是由 74LS192 利用低位进位输出 $\overline{CO}$,控制高位的 CP_U 端构成的加计数级联电路图。

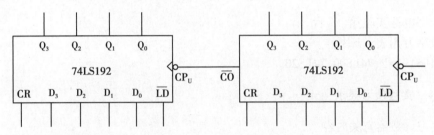

图 4-5-2　74LS192 级联电路

(3)实现任意进制计数器

1)用复位法获得任意进制计数器

假定已有 N 进制计数器,而需要得到一个 M 进制计数器时,只要 M<N,用复位法使计数器计数到 M 时置"0",即获得 M 进制计数器。如图 4-5-3 所示为由 2 片 74LS192 十进制计数器构成的六十进制计数器。

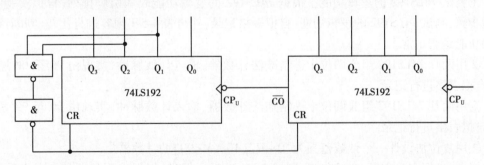

图 4-5-3　六十进制计数器

2)用预置功能获 M 进制计数器

如图 4-5-4 所示是一个特殊十二进制的计数器电路方案。在数字钟里,对时位的计数序列是 1、2、…、11、12、1…是十二进制的,且无 0 数。当计数到 13 时,通过与非门产生一个复位信号,使 74LS192(2)(时十位)直接置成 0000,而 74LS192(1),即时的个位直接置成 0001,从而实现了 1~12 计数。

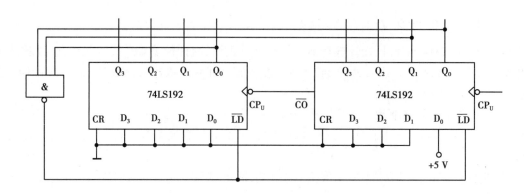

图 4-5-4 特殊十二进制计数器

4.5.3 实验设备与器件

①数字电路实验箱 1 台；
②数字万用表 1 块；
③74LS192×2、74LS00、74LS20。

4.5.4 实验预习要求

①复习计数器有关内容。
②查出 74LS192、74LS00、74LS20 集成芯片的功能及引脚排列图。
③用 Multisim 软件对所有实验内容进行仿真。
④绘出各实验内容的详细线路图。
⑤拟出各实验内容所需的测试记录表格。

4.5.5 实验内容

①测试 74LS192 的逻辑功能。根据 74LS192 的逻辑功能表和引脚排列，自拟实验方案、实验步骤，测试 74LS192 的逻辑功能，自拟表格记录，并与表 4-5-1 内容进行比较，判断该集成块的功能是否正常。

②用两片 74LS192 组成两位十进制减法计数器，输入计数脉冲，实现由 99 至 00 递减计数，自拟表格进行记录。

③用两片 74LS192 组成两位十进制加法计数器，输入计数脉冲，实现由 00 至 99 累加计数，自拟表格进行记录。

④用复位法设计一个计数范围为"0~M"（10≤M<99）的计数器。

要求：自拟实验方案、实验步骤、测试方法，选择元器件，根据选用的器件画出电路图，并安装调试。分析实验结果，排除实验过程中出现的故障。

⑤用置数法设计一个计数范围为"M~N"（0<M<N<99）的计数器。要求同上。

4.5.6 实验报告

①画出实验线路图，记录、整理实验现象及实验所得的有关波形图。对实验结果进行分析。

②总结使用集成计数器的经验。

4.5.7　思考题

①74LS192 作加法计数时,CP_U,CP_D 分别应接什么?

②74LS192 作加法计数时,如果 CP_U 频率为 1 Hz,则 CP_U 十个脉冲中,$\overline{CO}$ 为低电平的时间为多少?

③复位法设计一个六十进制(计数范围 0 ~ 59)计数器并进行实验时,个位 CR 可以接低电平吗? 当计数到 59 时,进位端有输出吗?

④如果要求用 74LS192 实现计数范围为"60 ~ 03"的减法计数器,如何设计,试画出电路图。

4.6　移位寄存器及其应用

4.6.1　实验目的

①掌握中规模 4 位双向移位寄存器逻辑功能的测试方法及使用方法。
②熟悉移位寄存器的应用——构成环形计数器及其测试方法。
③了解移位寄存器的扩展及其测试方法。

4.6.2　实验原理

(1)移位寄存器

移位寄存器是一个具有移位功能的寄存器,是指寄存器中所存的代码能够在移位脉冲的作用下依次左移或右移。既能左移又能右移的称为双向移位寄存器,只需要改变左、右移的控制信号便可实现双向移位要求。根据移位寄存器存取信息的方式不同分为:串入串出、串入并出、并入串出、并入并出 4 种形式。

本实验选用的 4 位双向通用移位寄存器,型号为 74LS194,其逻辑符号及引脚排列如图 4-6-1 所示。

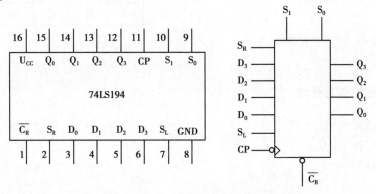

图 4-6-1　74LS194 的引脚功能及逻辑符号

其中,D_0,D_1,D_2,D_3为并行输入端;Q_0,Q_1,Q_2,Q_3为并行输出端;S_R为右移串行输入端;S_L为左移串行输入端;S_1,S_0为操作模式控制端;$\overline{C_R}$为直接无条件清零端;CP 为时钟脉冲输入端。

74LS194 有 5 种不同操作模式:即并行送数寄存,右移(方向由 $Q_0 \rightarrow Q_3$),左移(方向由 $Q_3 \rightarrow Q_0$),保持及清零。S_1,S_0和$\overline{C_R}$端的控制作用见表 4-6-1 所示。

表 4-6-1 74LS194 功能表

功能	输入										输出			
	CP	$\overline{C_R}$	S_1	S_0	S_R	S_L	D_0	D_1	D_2	D_3	Q_0	Q_1	Q_2	Q_3
清除	×	0	×	×	×	×	×	×	×	×	0	0	0	0
送数	↑	1	1	1	×	×	a	b	c	d	a	b	c	d
右移	↑	1	0	1	D_{SR}	×	×	×	×	×	D_{SR}	Q_0	Q_1	Q_2
左移	↑	1	1	0	×	D_{SL}	×	×	×	×	Q_1	Q_2	Q_3	D_{SL}
保持	↑	1	0	0	×	×	×	×	×	×	Q_0^n	Q_1^n	Q_2^n	Q_3^n
保持	↓	1	×	×	×	×	×	×	×	×	Q_0^n	Q_1^n	Q_2^n	Q_3^n

(2)环形计数器

如图 4-6-2 所示,把移位寄存器的输出反馈到它的串行输入端,把输出端 Q_3 和右移串行输入端 S_R 相连接,设初始状态 $Q_0Q_1Q_2Q_3 = 1000$,则在时钟脉冲作用下 $Q_0Q_1Q_2Q_3$ 将依次变为 $0100 \rightarrow 0010 \rightarrow 0001 \rightarrow 1000\cdots$,如表 4-6-2 所示,它是一个具有 4 个有效状态的计数器,这种类型的计数器称为环形计数器。图 4-6-2 中的电路可以由各个输出端输出在时间上有先后顺序的脉冲,因此也可作为顺序脉冲发生器。

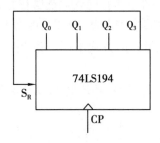

图 4-6-2 环形计数器

表 4-6-2 环形计数器状态表

CP	Q_0	Q_1	Q_2	Q_3
0	1	0	0	0
1	0	1	0	0
2	0	0	1	0
3	0	0	0	1

4.6.3 实验设备及器件

①数字电路实验箱 1 台;
②数字万用表 1 块;
③74LS194×2。

4.6.4　实验预习要求

①复习有关寄存器的有关内容。

②熟悉 74LS194 的逻辑功能及引脚排列。

4.6.5　实验内容

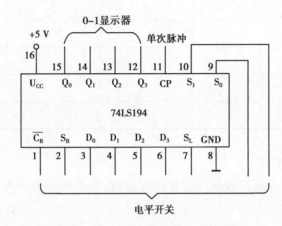

图 4-6-3　74LS194 逻辑功能测试

(1) 测试 74LS194 的逻辑功能

按图 4-6-3 接线,自拟实验步骤测试移位寄存器的逻辑功能,并把测试结果记于表 4-6-3 中。

表 4-6-3　74LS194 逻辑功能测试记录表

清　除	模　　式		时　钟	串　行		输　入	输　出	功能总结
$\overline{C_R}$	S_1	S_0	CP	S_L	S_R	$D_0 D_1 D_2 D_3$	$Q_0 Q_1 Q_2 Q_3$	
0	×	×	×	×	×	××××		
1	1	1	↑	×	×	abcd		
1	0	1	↑	×	0	××××		
1	0	1	↑	×	1	××××		
1	0	1	↑	×	0	××××		
1	0	1	↑	×	0	××××		
1	1	0	↑	1	×	××××		
1	1	0	↑	1	×	××××		
1	1	0	↑	1	×	××××		
1	1	0	↑	1	×	××××		
1	0	0	↑	×	×	××××		

（2）环形计数器

模拟如图 4-6-2 所示，自拟实验线路、实验方法，实现左移循环环形计数（起始数设为 $Q_0Q_1Q_2Q_3 = 0100$），观察寄存器输出状态的变化，记入表 4-6-4 中。

表 4-6-4　环形计数器实验记录表

CP	Q_0	Q_1	Q_2	Q_3
0	0	1	0	0
1				
2				
3				
4				

（3）移位寄存器的扩展

将双向四位移位寄存器扩展成八位移位寄存器，并实现八位环形计数功能，如图 4-6-4 所示。

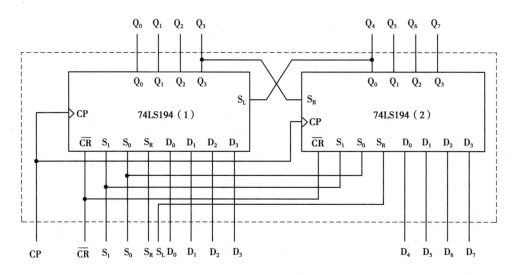

图 4-6-4　扩展后的移位寄存器

4.6.6　思考题

①在对 74LS194 进行送数后，若要使输出端改成另外的数码，寄存器是否一定要清零？

②使寄存器 74LS194 循环左移，应怎样接线？

③分析表 4-6-3 所示的实验结果，总结移位寄存器 74LS194 的逻辑功能并写入表格功能总结一栏中。

④根据实验内容 2 的结果，画出 4 位环形计数器的状态转换图及波形图。

4.7 脉冲分配器及其应用

4.7.1 实验目的

①熟悉集成时序脉冲分配器的方法及其应用。
②学习步进电机的环形脉冲分配器的组成方法。

4.7.2 实验原理

(1)脉冲分配器

脉冲分配器的作用是产生多路顺序脉冲信号,它可以由计数器和译码器组成,也可以由环形计数器构成,图4-7-1中CP端上的系列脉冲经N位二进制计数器和相应的译码器,可以转变为2^N路顺序输出脉冲。

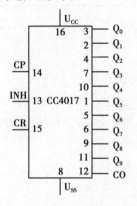

图4-7-1 脉冲分配器的组成

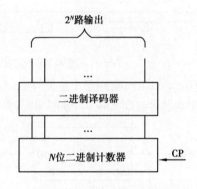

图4-7-2 CC4017逻辑符号

(2)集成时序脉冲分配器 CC4017

CC4017是按BCD计数/时序译码器组成的分配器。其逻辑符号及其引脚功能如图4-7-2所示,功能见表4-7-1所示。

表4-7-1 CC4017功能表

输 入			输 出	
CP	INH	CR	$Q_0 \sim Q_9$	CO
×	×	1	Q_0	
↑	0	0	计数	计数脉冲为$Q_0 \sim Q_4$时: CO = 1 计数脉冲为$Q_5 \sim Q_9$时: CO = 0
1	↓	0		
0	×	0		
×	1	0	保持	
↓	×	0		
×	↑	0		

注 CO:进位脉冲输出端;CP:时钟输入端;CR:清除端;INH:禁止端;$Q_0 \sim Q_9$:计数脉冲输出端。

CC4017 的输出波形如图 4-7-3 所示。

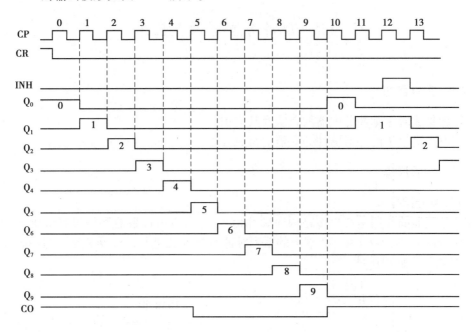

图 4-7-3 CC4017 的波形图

CC4017 应用十分广泛,可用于十进制计数、分频、$1/N$ 计数(N 为 2~10 时,只用一块就可实现,$N>10$ 可用多块器件级联实现)。如图 4-7-4 所示是由两片 CC4017 组成的 60 分频的电路。

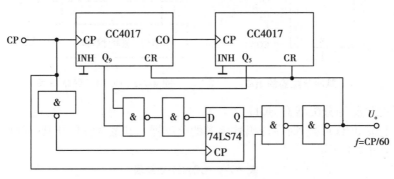

图 4-7-4 60 分频电路

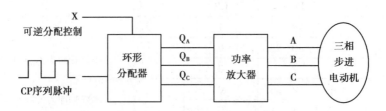

图 4-7-5 三相步进电动机的驱动电路示意图

图 4-7-5 中,A、B、C 分别表示步进电机的三相绕组。步进电机按三相六拍方式运行,即要求步进电机正转时,控制端 X=1,使电机三相绕组的通电顺序为

$$A \to AB \to B \to BC \to B \to CA$$

要求步进电机反转时,控制端 X=0,使电机三相绕组的通电顺序为

$$A \to AC \to C \to BC \to C \to AB$$

如图 4-7-6 所示,3 个 JK 触发器构成的按六拍通电方式的脉冲环形分配器逻辑图。

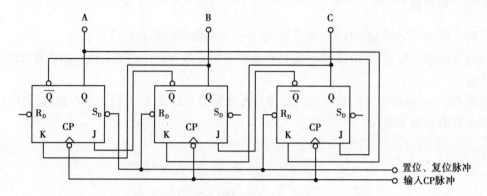

图 4-7-6　六拍通电方式的脉冲环形分配器逻辑图

4.7.3　实验设备与器件

①数字电路实验箱　1 台;
②双踪示波器　1 台;
③CC4017×2、74LS112×2、74LS74×1、74LS00×2、CC4085×2。

4.7.4　实验预习要求

①复习有关脉冲分配器的原理。
②根据图 4-7-4 所示,画出此电路的波形草图。
③按实验任务要求,设计出用环形分配器构成的驱动三相步进电机可逆运行的三相六拍环形分配器实验线路,并拟订实验方案及步骤。

4.7.5　实验内容

①CC4017 逻辑功能测试
A.参照图 4-7-2 的线路中,测试 INH、CR 接逻辑开关的输出插口。CP 接单次脉冲源。Q_0 ~Q_9 十个输出端接至逻辑电平显示输出插口,按功能表要求操作各逻辑开关。清零后,连续送出 10 个脉冲信号,观察 10 个发光二极管的显示状态,并列表记录。
B.将 CP 改为 1 Hz 连续脉冲,观察记录输出状态。
②参照图 4-7-4 线路连接,自拟实验方案验证 60 分频电路的正确性,记录所观察到的波形。
③参照图 4-7-6 的线路,设计一个用环形分配器构成的驱动三相步进电动机可逆运行的三相六拍环形分配器线路。要求:
A.环形分配器用 74LS112 双 JK 触发器,74LS00 四二输入"与非门"组成。
B.由于电动机三相绕组在任何时刻都不应出现同时通电同时断电情况,在设计中应

注意。

C.写出设计步骤;画出电路图,并安装调试;写出实验步骤和测试方法并进行实验测试。

D.分析实验结果,排除实验过程中出现的故障。

4.7.6 思考题

①时序脉冲分配器 CC4017 在复位后,$Q_0 \sim Q_9$ 所有输出端都为 0 吗?

②时序脉冲分配器 CC4017 禁止端 INH 是高电平有效还是低电平有效? INH 有效时实现什么功能?

③在 60 分频电路中,CC4017 复位前,Q_5、Q_9 分别为 0 还是 1,复位后呢? 复位发生在 CP 脉冲的上升沿还是下降沿?

4.8 使用电路产生脉冲信号
——自激多谐振荡器

4.8.1 实验目的

①掌握使用门电路构成脉冲信号产生电路的基本方法。

②掌握影响输出脉冲波形参数的定时元件数值的计算方法。

③学习石英晶体稳频原理和使用石英晶体构成振荡器的方法。

4.8.2 实验原理

"与非"门作为一个开关倒相器件,可用于构成各种脉冲波形的产生电路。电路的基本工作原理是利用电容器的充放电,当输入电压到达"与非"门的阈值电压 V_T 时,门的输出状态会发生变化。因此,电路输出的脉冲波形参数取决于电路中阻容元件的数值。

(1)非对称性多谐振荡器

如图 4-8-1 所示,非门 3 用于输出波形的整形。

非对称型多谐振荡器的输出波形是不对称的,当用 TTL 与非门组成时,输出脉宽

$$t_{w1} = RC \quad t_{w2} = 1.2RC \quad T = 2.2RC$$

调节 R 和 C 值,可改变输出信号的振荡频率,通常使用改变 C 实现输出频率的粗调,改变电位器 R 实现输出频率的细调。

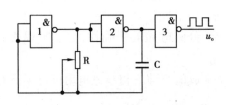

图 4-8-1 非对称型多谐振荡器

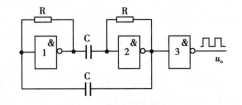

图 4-8-2 对称型多谐振荡器

（2）对称型多谐振荡器

如图 4-8-2 所示，由于电路完全对称，电容器的充放电时间参数相等，故输出为对称的方波。改变 R 和 C 的值，可以改变输出振荡频率。非门 3 用于输出波形整形。

一般取 $R \leqslant 1$ kΩ，当 $R = 1$ kΩ，$C = 100$ pF ~ 100 μF 时，$f = 1$ Hz ~ 10 MHz（V），脉冲宽度 $t_{w1} = t_{w2} = 0.7RC$，$T = 1.4RC$。

（3）带 RC 电路的环形振荡器

电路如图 4-8-3 所示，非门 4 用于输出波形整形，R 为限流电阻，一般取 100 Ω，电位器 R_w 要求小于或等于 1 kΩ。电路利用电容 C 的充放电过程，控制 D 点电压 U_D，从而控制"与非"门的自动启闭，形成多谐振荡，电容 C 的充电时间 t_{w1}，放电时间 t_{w2} 和总的振荡周期 T 分别是

$$t_{w1} \approx 0.94RC, \quad t_{w2} \approx 1.26RC, \quad T \approx 2.2RC$$

调节 R 和 C 的大小可以改变电路输出的振荡频率。

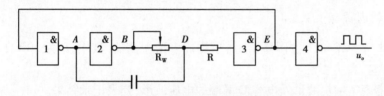

图 4-8-3　带有 RC 电路的环形振荡器

以上这些电路的状态都发生在"与非"门输入电平达到门的阈值电压 U_T 的时刻，在 U_T 附近电容器的充放电速度已经缓慢，而且 U_T 也不够稳定，易受温度、电源电压变化等因素以及干扰的影响。因此，电路输出频率的稳定性较差。

（4）石英晶体稳频的多谐振荡器

当要求多谐振荡器的工作频率稳定性很高时，上述几种多谐振荡器的精度已不能满足要求。为此，常用石英晶体作为信号频率的基准。石英晶体与门电路构成的多谐振荡器常用来为计算机等提供时钟信号。

如图 4-8-4 所示为常用的晶体稳频多谐振荡器之一，为 CMOS 器件组成的晶体振荡电路，一般用于电子表中，晶体的 $f_0 = 32\ 768$ Hz。其中门 1 用于振荡，门 2 用于缓冲整形。R_F 是反馈电阻，通常在 0 ~ 100 MΩ 选取，一般选 22 MΩ。R 起稳定振荡作用，通常 10 ~ 100 kΩ。C_1 是频率微调电容器，C_2 用于温度特性校正。

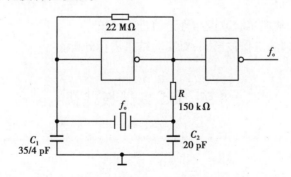

$$f_0 = 32\ 768\ \text{Hz} = 2^{15}\ \text{Hz}$$

图 4-8-4　常用的晶体振荡电路

4.8.3　实验设备

①数字电路实验箱　1 台；
②双踪示波器　1 台；
③CC4011、晶振 32 768 Hz、电位器、电阻、电容若干。

4.8.4　实验预习要求

①复习自激多谐振荡器有关的原理。
②画出详细的实验线路图。
③拟好记录实验结果所需的数据、表格等。
④用 Multisim 对实验内容进行仿真，测量相关参数和记录波形。

4.8.5　实验内容

①用"与非"门 CC4011 按图 4-8-1 所示构成多谐振荡器，其中，R 为 10 kΩ 电位器，C 为 0.01 μF。

a.用示波器观察输出波形及电容 C 两端的电压波形，列表记录结果。

b.调节电位器观察输出波形的变化，测出上、下限频率。

c.用一只 100 μF 电容器跨接在 74LS00 的 14 脚和 7 脚的最近处，观察输出波形的变化，记录结果。

②将 CC4011 按图 4-8-2 接线，取 $R=1$ kΩ，$C=0.047$ μF，用示波器观察输出波形，记录结果。

③将 CC4011 按图 4-8-3 接线，其中，定时电阻 R_w 用 510 Ω 和 1 kΩ 串联组成，取 $R=100$ Ω，$C=0.1$ μF。

a.R_w 调到最大时，观察并记录 A、B、D、E 及 V_o 各点电压的波形，测出 V_o 的周期 T 和负向脉冲宽度(电容 C 的充电时间)，并与理论计算值比较。

b.改变 R_w 的值，观察 V_o 变化。

④按图 4-8-4 接线，晶振选用电子表晶振 32 768 Hz，"与非"门选用 CC4011，用示波器观察输出波形，读出输出信号的频率，记录结果。

4.8.6　实验报告

①画出实验电路，整理实验数据与理论值进行比较。
②画出实验观测到的工作波形图，对实验结果进行分析。

4.9　555 多谐振荡器

4.9.1　实验目的

①熟悉 555 型集成时基电路结构、工作原理及其特点。
②掌握 555 型集成时基电路的基本应用。

4.9.2　实验原理

集成时基电路又称为集成定时器或 555 电路,是一种数字、模拟混合型的中规模集成电路、应用十分广泛。它是一种产生时间延迟和多种脉冲信号的电路,由于内部电压标准使用了 3 个 5K 的精密电阻,故取名 555 电路。其电路类型有双极型和 CMOS 型两大类,二者的结构与工作原理类似。几乎所有的双极型产品型号最后的三位数码都是 555 或 556;所有的 CMOS 产品型号最后四位数码都是 7555 或 7556,二者的逻辑功能和引脚排列完全相同,易于互换。555 和 7555 是单定时器。556 和 7556 是双定时器。双极型的电源电压 V_{CC} 为 +5 ~ +15 V,输出的最大电流可达 200 mA,CMOS 型的电源电压为 +3 ~ +18 V。

(1)555 电路的工作原理

555 电路的内部电路方框图如图 4-9-1 所示。它含有两个电压比较器:一个基本 RS 触发器,一个放电开关管 T。比较器的参考电压由三只 5 kΩ 的电阻器构成的分压器提供。它们分别使高电平比较器 A_1 的同相输入端和低电平比较器 A_2 的反相输入端的参考电平为 $\frac{2}{3}U_{CC}$ 和 $\frac{1}{3}U_{CC}$。A_1 和 A_2 的输出端控制 RS 触发器状态和放电管开关状态。当输入信号自 6 脚(即高电平触发)输入并超过参考电平 $\frac{2}{3}U_{CC}$ 时,触发器复位,555 的输出端 3 脚输出低电平,同时放电开关管导通;当输入信号自 2 脚输入并低于 $\frac{1}{3}U_{CC}$ 时,触发器置位,555 的 3 脚输出高电平,同时放电开关管截止。

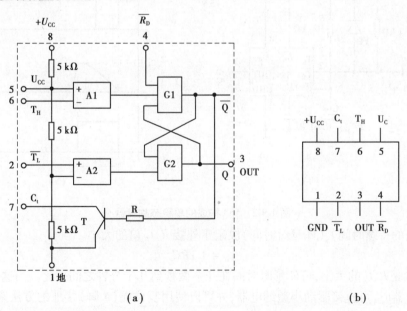

(a)　　　　　　　　　　　　　(b)

图 4-9-1　555 定时器内部框图及引脚排列

$\overline{R_D}$ 是复位端(4 脚),当 $\overline{R_D}=0$ 时,555 输出低电平。平时 $\overline{R_D}$ 端开路或接 U_{CC}。

V_C是控制电压端(5脚),平时输出$\frac{2}{3}U_{CC}$作为比较器A_1的参考电平,当5脚外接一个输入电压,即改变了比较器的参考电平,从而实现对输出的另一种控制,在不接外加电压时,通常连接一个0.01 μF的电容器到地,起滤波作用,以消除外来的干扰,确保参考电平的稳定。

T为放电管,当T导通时,将给接于7脚的电容器提供低阻放电通路。

555定时器主要是与电阻、电容构成放电电路,并由两个比较器来检测电容器上的电压,以确定输出电平的高低和放电开关管的通断。这就很方便地构成从几微秒到数十分钟延时电路,可方便地构成单稳态触发器、多谐振荡器、施密特触发器等脉冲产生或波形变换电路。

(2)555定时器的典型应用

1)构成单稳态触发器

如图4-9-2(a)所示,为定时器和外接定时元件R、C构成的单稳态触发器。触发电路由C_1、R_1、VD构成,其中VD为钳位二极管,稳态时555电路输入端处于电源电平,内部放电开关管T导通,输出端F输出低电平,当有一个外部负脉冲触发信号经C_1加到2端。并使2端电位瞬时低于$\frac{1}{3}U_{CC}$,低电平比较器动作,单稳态电路开始一个暂态过程,电容C开始充电,u_C按指数规律增长。当u_C充电到$\frac{2}{3}U_{CC}$时,高电平比较器动作,比较器A_1翻转,输出V_0从高电平返回低电平,放电开关管T重新导通,电容C上的电荷很快经放电开关管放电,暂态结束,恢复稳态,为下一个触发脉冲的来到做好准备。波形图如图4-9-2(b)所示。

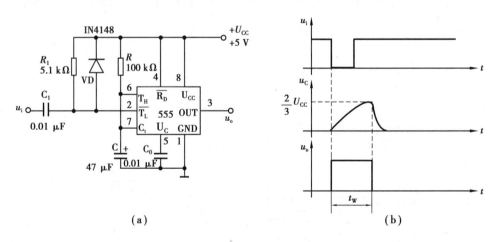

(a)　　　　　　(b)

图4-9-2　555构成的单稳态触发器

暂稳态的持续时间t_w(即延时时间)决定于外接R、C值的大小。

$$t_w = 1.1RC$$

通过改变R、C的大小,可使延时时间在几个微秒到几十分钟之间变化。当这种单稳态电路作为计时器时,可直接驱动小型继电器,并可以使用复位端(4脚)接地的方法来中断暂态,重新计时。此外尚须用一个续流二极管与继电器线圈并接,以防继电器线圈反电势损坏内部功率管。

2)构成多谐振荡器

如图4-9-3(a)所示,由555定时器和外接元R_1、R_2、C构成多谐振荡器,脚2与脚6直接相连。电路没有稳态,仅存在两个暂稳态,电路也不需要外加触发信号,利用电源通过 R_1,R_2 向 C 充电,以及 C 通过 R_2 向放电端 C_1 放电,使电路产生振荡。电容 C 在 $\frac{1}{3}U_{CC}$ 和 $\frac{2}{3}U_{CC}$ 之间充电和放电,其波形如图 4-9-3(b)所示。输出信号的时间参数是

$$T = t_{w1} + t_{w2}, \quad t_{w1} = 0.7(R_1 + R_2)C, \quad t_{w2} = 0.7R_2C$$

555 电路要求 R_1 与 R_2 均大于或等于 1 kΩ,但 R_1+R_2 应小于或等于 3.3 MΩ。

外部元件的稳定性决定了多谐振荡器的稳定性,555 定时器配以少量的元件就可获得较高精度的振荡频率和具有较强的功率输出能力。因此这种形式的多谐振荡器应用很广。

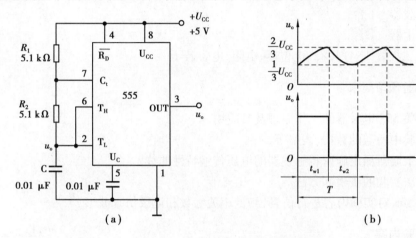

(a)　　　　　　　　　　　　　(b)

图 4-9-3　555 构成的多谐振荡器

3)组成施密特触发器

电路如图 4-9-4 所示,只要将脚 2、6 连在一起作为信号输入端,即得到施密特触发器。图 4-9-5 表示出了 u_s、u_i 和 u_o 的波形图。

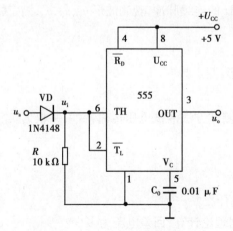

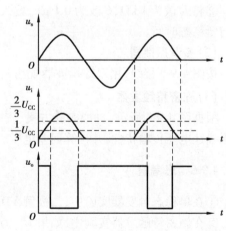

图 4-9-4　555 构成的施密特触发器　　　　图 4-9-5　波形变换图

假设被整形变换的电压为正弦波 u_s,其正半波通过二极管 VD 同时加到 555 定时器的 2 脚和 6 脚,得 u_i 为半波整流波形。当 u_i 上升到 $\frac{2}{3}U_{CC}$ 时,u_o 从高电平翻转为低电平;当 u_i 下降到

$\frac{1}{3}U_{CC}$时,u_o又从低电平翻转为高电平。电路的电压传输特性曲线如图 4-9-6 所示。

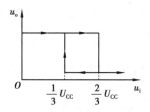

回差电压　　　　$\Delta U = \frac{2}{3}U_{CC} - \frac{1}{3}U_{CC} = \frac{1}{3}U_{CC}$

图 4-9-6　电压传输特性

4.9.3　实验设备与器件

①数字电路实验箱　1 台;

②双踪示波器　1 台;

③信号发生器　1 台;

④555×1、二极管 1N4148×2、电位器、电阻、电容若干。

4.9.4　实验预习要求

①复习有关 555 定时器的工作原理及其应用。

②拟订实验中所需的数据、表格等。

③如何用示波器测定施密特触发器的电压传输特性曲线?

④拟订各次实验的步骤和方法。

⑤用 Multisim 对实验内容进行仿真,测量相关参数和记录仿真波形。

4.9.5　实验内容

(1) 单稳态触发器

①按图 4-9-2 连线,取 $R = 100$ kΩ,$C = 47$ μF,输入信号 u_i 由单次脉冲源提供,用双踪示波器观察 u_i,u_c,u_o 波形,测定幅度与暂稳态时间。

②将 R 改为 1 kΩ,C 改为 0.1 μF,输入端加 1 kHz 的连续脉冲,观测波形 u_i、u_c、u_o,测定幅度与暂稳态时间。

(2) 多谐振荡器

按图 4-9-3 接线,用双踪示波器观测 u_c、u_o 的波形,测定频率。

(3) 施密特触发器

根据图 4-9-4 所示,自拟实验方案、实验步骤和测试方法测试电压传输特性,并根据实验结果描述电压传输特性,并计算回差电压。

4.9.6　思考题

①在单稳态触发器实验中,二极管 VD 的作用是什么?

②在施密特触发器实验中,如果 U_{CC} 为 5 V,根据理论计算,回差电压为多少?

③比较仿真数据和实测数据,并分析。

4.10　D/A、A/D 转换器

4.10.1　实验目的

①了解 D/A 和 A/D 转换器的基本工作原理和基本结构。
②掌握大规模集成 D/A 和 A/D 转换器的功能及其典型应用。

4.10.2　实验原理

在数字电子技术的很多应用场合往往需要把模拟量转换为数字量,称为模/数转换器（A/D 转换器,ADC）;或把数字量转换成模拟量,称为数/模转换器（D/A 转换器,简称 DAC）。完成这种转换的线路有多种,特别是单片大规模集成 A/D、D/A 转换器问世,为实现上述的转换提供了极大的方便。使用者借助手册提供的器件性能指标及典型应用电路,可正确使用这些器件。本实验将采用大规模集成电路 DAC0832 实现 D/A 转换,ADC0809 实现 A/D 转换。

(1) D/A 转换器 DAC0832

DAC0832 是采用 CMOS 工艺制成的单片电流输出型 8 位数/模转换器。图 4-10-1 所示为 DAC0832 的逻辑框图及引脚排列。

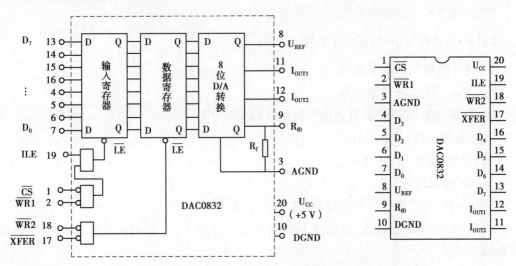

图 4-10-1　DAC0832 单片 D/A 转换器逻辑框图和引脚排列

器件的核心部分采用倒 T 形电阻网络的 8 位 D/A 转换器,如图 4-10-2 所示。它是由倒 T 形 R-2R 电阻网络、模拟开关、运算放大器和参考电压 U_{REF} 共 4 部分组成。

运放的输出电压为

$$U_o = \frac{U_{REF} \cdot R_f}{2^n R}(D_{n-1} \cdot 2^{n-1} + D_{n-2} \cdot 2^{n-2} + \cdots + D_0 \cdot 2^0)$$

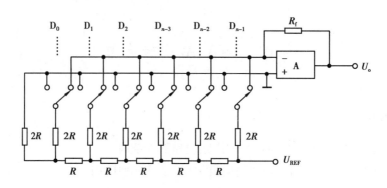

图 4-10-2 倒 T 形电阻网络 D/A 转换电路

由上式可见,输出电压 U_o 与输入的数字量成正比,这就实现了从数字量到模拟量的转换。

一个 8 位的 D/A 转换器,它有 8 个输入端,每个输入端是 8 位二进制数的一位,有一个模拟输出端,输入可有 $2^8 = 256$ 个不同的二进制组态,输出为 256 个电压之一,即输出电压不是整个电压范围内任意值,而只能是 256 个可能值。

DAC0832 的引脚功能说明如下:

$D_0 \sim D_7$:数字信号输入端

ILE:输入寄存器允许,高电平有效

$\overline{\text{CS}}$:片选信号,低电平有效

$\overline{\text{WR}_1}$:写信号 1,低电平有效

$\overline{\text{XFER}}$:传送控制信号,低电平有效

$\overline{\text{WR}_2}$:写信号 2,低电平有效

$I_{\text{OUT1}}, I_{\text{OUT2}}$:DAC 电流输出端

R_{fb}:反馈电阻,是集成在片内的外接运放的反馈电阻

U_{REF}:基准电压($-10 \sim +10$ V)

U_{cc}:电源电压($+5 \sim +15$ V)

AGND:模拟地

DGND:数字地(数字地和模拟地可接在一起使用)

DAC0832 输出的是电流,要转换为电压,还必须经过一个外接的运算放大器,实验线路如图 4-10-3 所示。

(2) A/D 转换器 ADC0809

ADC0809 是采用 CMOS 工艺制成的单片 8 位 8 通道逐次渐近型模/数转换器,其逻辑框图及引脚排列如图 4-10-4 所示。

器件的核心部分是 8 位 A/D 转换器,它由比较器、逐次渐近寄存器、D/A 转换器及控制和定时 5 部分组成。

1) ADC0809 的引脚功能

$IN_0 \sim IN_7$:8 路模拟信号输入端;

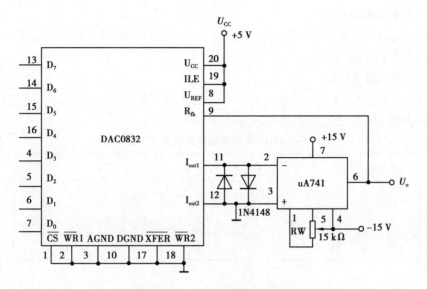

图 4-10-3 D/A 转换器实验线路

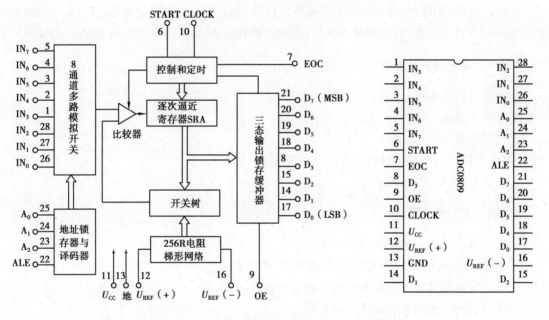

图 4-10-4 ADC0809 转换器逻辑框图及引脚排列

A_2、A_1、A_0：地址输入端；

ALE：地址锁存允许输入信号，在此脚施加正脉冲，上升沿有效，此时锁存地址码，从而选通相应的模拟信号通道，以便进行 A/D 转换；

START：启动信号输入端，应在此脚施加正脉冲，当上升沿到达时，内部逐次逼近寄存器复位，在下降沿到达后，开始 A/D 转换过程；

EOC：转换结束输出信号（转换结束标志），高电平有效；

OE：输入允许信号，高电平有效；

CLOCK(CP)：时钟信号输入端，外接时钟频率一般为 640 kHz；

149

U_{CC}:+5 V 单电源供电;

$U_{REF}(+)$、$U_{REF}(-)$:基准电压的正极、负极。一般 $U_{REF}(+)$接+5 V 电源,$U_{REF}(-)$接地;

$D_7 \sim D_0$:数字信号输出端。

2)模拟量输出通道选择

8 路模拟开关由 A_2,A_1,A_0 三地址输入端选通 8 路模拟信号中的任何一路进行 A/D 转换,地址译码与模拟输入通道的选通关系如表 4-10-1 所示。

表 4-10-1　8 路模拟开关选通关系表

被选模拟通道		IN_0	IN_1	IN_2	IN_3	IN_4	IN_5	IN_6	IN_7
地址	A_2	0	0	0	0	1	1	1	1
	A_1	0	0	1	1	0	0	1	1
	A_0	0	1	0	1	0	1	0	1

3)D/A 转换过程

在启动端(START)加启动脉冲(正脉冲),D/A 转换开始。如将启动端(START)与转换结束端(EOC)直接相连,转换将是连续的,在用这种转换方式时,开始应在外部加启动脉冲。

4.10.3　实验设备及器件

①数字电路实验箱　1 台;

②数字万用表　1 块;

③信号发生器　1 台;

④DAC0832×1、ADC0809×1、μA741×1、1N4148×12;

⑤电位器、电阻、电容若干。

4.10.4　实验预习要求

①复习 A/D、D/A 转换的工作原理。

②熟悉 ADC0809、DAC0832 的各引脚功能、使用方法。

③绘好完整的实验线路和所需的实验记录表格。

④拟订各个实验内容的具体实验方案。

⑤用 Multisim 仿真软件对 A/D、D/A 转换实验内容进行仿真并记录仿真结果。

4.10.5　实验内容

(1)D/A 转换器—DAC0832

①按图 4-10-3 接线,电路接成直通方式,即 $\overline{CS}$、$\overline{WR_1}$、$\overline{WR_2}$、$\overline{XFER}$接地;ALE、U_{cc}、U_{REF}接 +5 V 电源;运放电源接±15 V;$D_0 \sim D_7$接逻辑开关的输出插口,输出端 V_0 接直流数字电压表。

②调零,令 $D_0 \sim D_7$ 全置零,调节运放的电位器使 μA741 输出为零。

③按表 4-10-2 所列的输入数字信号,用数字电压表测量运放的输出电压 U_o,将测量结果填入表中,并与理论值进行比较。

表 4-10-2　D/A 转换记录表

输入数字量								输出模拟量 U_o/V	
D_7	D_6	D_5	D_4	D_3	D_2	D_1	D_0	U_{cc} = +5 V	U_{cc} = +15 V
0	0	0	0	0	0	0	0		
0	0	0	0	0	0	0	1		
0	0	0	0	0	0	1	0		
0	0	0	0	0	1	0	0		
0	0	0	0	1	0	0	0		
0	0	0	1	0	0	0	0		
0	0	1	0	0	0	0	0		
0	1	0	0	0	0	0	0		
1	0	0	0	0	0	0	0		
1	1	1	1	1	1	1	1		

（2）A/D **转换器—ADC0809**

按图 4-10-5 所示接线。

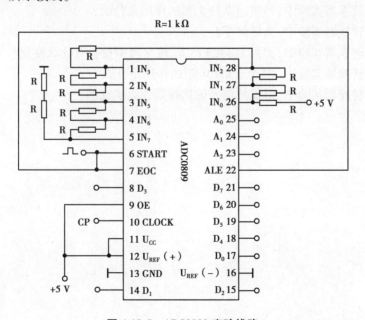

图 4-10-5　ADC0809 **实验线路**

①8 路输入模拟信号 1~4.5 V，由+5 V 电源经电阻 R 分压组成；变换结果 D_0~D_7 接逻辑电平显示器输入插口，CP 时钟脉冲由计数脉冲源提供，取 f= 100 kHz；A_0~A_2 地址端接逻辑电平输出插口。

②接通电源后，在启动端（START）加一正单次脉冲，下降沿一到就开始 A/D 转换。

③按表 4-10-3 的要求观察,记录 $IN_0 \sim IN_7$ 8 路模拟信号的转换结果,将转换结果换算成十进制数表示的电压值,并与数字电压表实测的各路输入电压值进行比较,分析误差原因。

表 4-10-3　实验记录表

被选模拟通道	输入模拟量	地　　址			输出数字量								
IN	V_i/V	A_2 A_1 A_0			D_7	D_6	D_5	D_4	D_3	D_2	D_1	D_0	十进制
IN_0	4.5	0　0　0											
IN_1	4.0	0　0　1											
IN_2	3.5	0　1　0											
IN_3	3.0	0　1　1											
IN_4	2.5	1　0　0											
IN_5	2.0	1　0　1											
IN_6	1.5	1　1　0											
IN_7	1.0	1　1　1											

4.10.6　思考题

①在 D/A 转换器实验中,外接运算放大器的作用是什么?

②在 D/A 转换器实验中,怎样调零?

③在 D/A 转换器实验中,如果 U_{CC} 接+15 V,输出模拟量会有什么变化?

④在 A/D 转换器实验中,10 个 1 kΩ 电阻的作用是什么?

⑤在 A/D 转换器实验中,对模拟信号的选择是怎么实现的?

第 **5** 章
综合设计性实验

5.1 电子秒表

5.1.1 实验目的

①学习数字电路中基本 RS 触发器、单稳触发器、时钟发生器及计数、译码显示等单元电路的综合应用。

②学习电子秒表的调试方法。

5.1.2 实验原理

如图 5-1-1 所示,为电子秒表的电路原理图,按其功能分成 4 个单元电路。

(1)基本 RS 触发器

图 5-1-1 中单元 Ⅰ 是由集成与非门构成的基本 RS 触发器。属低电平直接触发的触发器,有直接置位、复位的功能。

它的一路输出 $\overline{Q}$ 作为单稳触发器的输入,另一路输出 Q 作为"与非门"5 的输入控制信号。

按动按钮开关 K_2(接地),则门 $\overline{Q} = 1$;门 2 输出 $Q = 0$,K_2 复位后 Q、$\overline{Q}$ 状态保持不变。再按动按钮开关 K_1,则 Q 由 0 变为 1,门 5 开启,为计数器启动做好准备。$\overline{Q}$ 由 1 变为 0,送出负脉冲,启动单稳态触发器工作。

基本 RS 触发器在电子秒表中的职能是启动和停止秒表的工作。

(2)单稳态触发器

图 5-1-1 中单元 Ⅱ 是由集成与非门构成的微分型单稳态触发器,图 5-1-2 为各点波形图。

单稳态触发器的输入触发负脉冲信号 U_i 由基本 RS 触发器 $\overline{Q}$ 端提供,输出负脉冲 U_0 通过非门加到计数器的清除端 R_0。

静态时,门 4 应处于截止状态,故电阻 R 必须小于门的关门电阻 R_{off}。定时元件 RC 取值不同,输出脉冲宽度也不同。当触发脉冲宽度小于输出脉冲宽度时,可以省去输入微分电路

的 R_p 和 C_p。

单稳态触发器在电子秒表中的职能是为计数器提供清零信号。

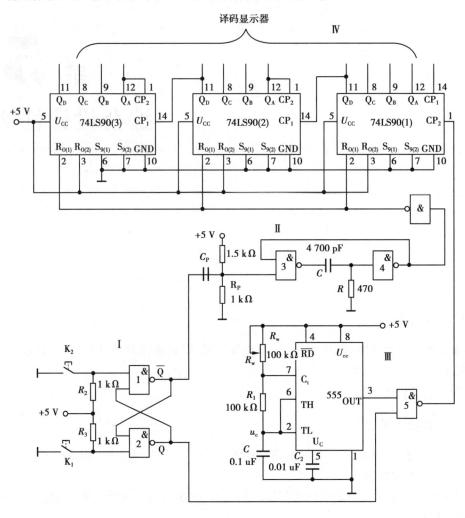

图 5-1-1　电子秒表原理图

(3) 时钟发生器

图 5-1-1 中单元Ⅲ是由 555 定时器构成的多谐振荡器，是一种性能较好的时钟源。

调节电位器 R_w，在输出端 3 获得频率为 50 Hz 的矩形波信号，当基本 RS 触发器 Q＝1 时，门 5 开启，此时 50 Hz 脉冲信号通过门 5 作为计数脉冲加于计数器(1)的计数输入端 CP_2。

(4) 计数及译码显示

二五十进制加法计数器 74LS90 构成电子秒表的计数单元，如图 5-1-1 中单元Ⅳ所示。其中计数器(1)接成五进制形式，对频率为 50 Hz 的时钟脉冲进行五分频，在输出端 Q_D 取得周期为 0.1 s 的矩形脉冲，作为计数器(2)的时钟输入。计数器(2)及计数器(3)接成 8421 码十进制形式，其输出端与实验装置上译码显示单元的相应输入端连接，可显示 0.1~0.9 s；1~9.9 s。

注：集成异步计数器 74LS90。

单稳态触发器波形图如图 5-1-2 所示。

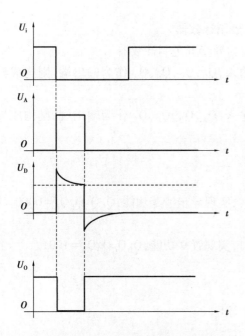

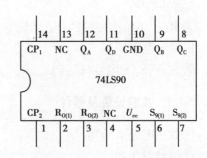

图 5-1-2　单稳态触发器波形图　　　　　图 5-1-3　74LS90 引脚排列

74LS90 是异步二五十进制加法计数器,它既可以作为二进制加法计数器,又可以作五进制和十进制加法计数器。

图 5-1-3 为 74LS90 引脚排列,表 5-1-1 为其功能表。

通过不同的连接方式,74LS90 可以实现 4 种不同的逻辑功能;而且还可借助 $R_{0(1)}$,$R_{0(2)}$ 对计数器清零,借助 $S_{9(1)}$,$S_{9(2)}$ 将计数器置 9。其具体功能如下:

表 5-1-1　74LS90 功能表

输　入						输　出				功　能
清 0		置 9		时　钟		Q_D	Q_C	Q_B	Q_A	
$R_{0(1)}$、$R_{0(2)}$		$S_{9(1)}$、$S_{9(2)}$		CP_1	CP_2					
1	1	0	×	×	×	0	0	0	0	清 0
		×	0							
0	×	1	1	×	×	1	0	0	1	置 9
×	0									
0	×	0	×	↓	1	二进制计数器				
×	0	×	0							

输　入				时　钟		输　出	功　能

时　钟		输　出	功　能
CP_1	CP_2		
↓	1	Q_A 输出	二进制计数器
1	↓	$Q_D Q_C Q_B$ 输出	五进制计数器
↓	Q_A	$Q_D Q_C Q_B Q_A$ 输出 8421BCD 码	十进制计数器
Q_D	↓	$Q_A Q_D Q_C Q_B$ 输出 5421BCD 码	十进制计数器
1	1	不　变	保　持

①计数脉冲 CP_1 输入，Q_A 作为输出端，为二进制计数器。

②计数脉冲 CP_2 输入，$Q_D Q_C Q_B$ 作为输出端，为异步五进制计数器。

③若将 CP_2 和 Q_A 相连，计数脉冲由 CP_1 输入，Q_D，Q_C，Q_B，Q_A 作为输出端，则构成异步8421码十进制加法计数器。

④若将 CP_1 和 Q_D 相连，计数脉冲由 CP_2 输入，Q_A，Q_D，Q_C，Q_B 作为输出端，则构成异步5421码十进制加法计数器。

⑤清零、置9功能。

a.异步清零

若 $R_{0(1)}$，$R_{0(2)}$ 均为"1"；$S_{9(1)}$，$S_{9(2)}$ 中有"0"时，实现异步清零功能，$Q_D Q_C Q_B Q_A = 0000$。

b.置9功能

若 $S_{9(1)}$，$S_{9(2)}$ 均为"1"；$R_{0(1)}$，$R_{0(2)}$ 中有"0"时，实现置9功能，$Q_D Q_C Q_B Q_A = 1001$。

5.1.3 实验设备及器件

①数字电路实验箱　　　　　　　　　1台；

②信号发生器　　　　　　　　　　　1台；

③双踪示波器　　　　　　　　　　　1台；

④数字万用表　　　　　　　　　　　1块；

⑤74LS00×2、555×1、74LS90×3、电位器、电阻、电容若干。

5.1.4 实验预习要求

①复习数字电路中 RS 触发器，单稳态触发器、时钟发生器及计数器等内容。

②用 Multisim 仿真软件对各单元电路及总电路进行仿真并记录仿真结果。画出电路图，选取元器件。

③列出电子秒表单元电路的测试表格。

④列出调试电子秒表的步骤。

5.1.5 实验内容

由于实验电路中使用器件较多，实验前必须合理安排各器件在实验装置上的位置，使电路逻辑清晰，接线较短。

实验时，应按照实验任务的次序，将各单元电路逐个进行接线和调试，分别测试基本 RS 触发器、单稳态触发器、时钟发生器及计数器的逻辑功能，待各单元电路工作正常后，再将有关电路逐级连接起来进行测试，直到测试完电子秒表整个电路的功能。

这样的测试方法有利于检查和排除故障，保证实验顺利进行。

(1)基本 RS 触发器的测试

(2)单稳触发器的测试

1)静态测试

用直流数字电压表测量 A、B、D、F 各点电位值，并做好记录。

2）动态测试

输入端 1 kHz 连续脉冲源,用示波器观察并描绘 D 点(U_D)、F 点(U_o)波形,若单稳输出脉冲持续时间太短,难以观察,可适当加大微分电容 C(如改为 0.1 μF)待测试完毕,再恢复 4 700 pF。

（3）时钟发生器的测试

用示波器观察输出电压波形并测量其频率,调节 R_W,使输出矩形波频率为 50 Hz。

（4）计数器的测试

①计数器（1）接成五进制形式,$R_{0(1)}$,$R_{0(2)}$,$S_{9(1)}$,$S_{9(2)}$ 接逻辑开关输出端口,CP_2 接单次脉冲源,CP_1 接高电平"1",$Q_D \sim Q_A$ 接实验设备上译码显示输入端 D、C、B、A,测试其逻辑功能,记录结果。

②计数器（2）及计数器（3）接成 8421 码十进制形式,同内容（1）进行逻辑功能测试。记录结果。

③将计数器（1）、（2）、（3）级联,进行逻辑功能测试。记录结果。

（5）电子秒表的整体测试

各单元电路测试正常后,按图 5-1-1 所示把几个单元电路连接起来,进行电子秒表的总体测试。

先按一下按钮开关 K_2,此时电子秒表不工作,再按一下按钮开关 K_1,则计数器清零后便开始计时,观察数码管显示计数情况是否正常;若不需计时或暂停计时,按一下开关 K_2,计时立即停止,但数码管保留所计时之值。

（6）电子秒表准确度的测试

利用电子钟或手表的秒计时对电子秒表进行校准。

5.1.6　实验报告

①总结电子秒表整个测试过程。
②分析调试中发现的问题及故障排除方法。

5.2　交通灯控制电路的设计

5.2.1　实验目的

①学习触发器、时钟发生器及计数、译码显示、控制电路等单元电路的综合应用。
②进一步熟悉进行大中型电路的设计方法,掌握基本的原理及设计过程。

5.2.2　设计任务

①设计一个十字路口交通灯控制电路,要求主干道与支干道交替通行。主干道通行时,主干道绿灯亮,支干道红灯亮,时间为 60 s。支干道通行时,支干道绿灯亮,主干道红灯亮,时间为 30 s。
②每次绿灯变红时,要求黄灯先闪烁 3 s(频率为 5 Hz)。此时另一路口红灯也不变。
③在绿灯亮(通行时间内)和红灯亮(禁止通行时间内)均有倒计时显示。

5.2.3　实验预习要求

①复习数字电路中 D 触发器、时钟发生器及计数器、译码显示器等部分内容。

②分析交通灯控制电路的组成、各部分功能及工作原理。

③列出交通灯控制电路的测试表格和调试步骤,标出所用芯片引脚号。

④用 Multisim 设计电路并进行仿真。

5.2.4　实验设备及器件

①数电实验箱、数字万用表、双踪示波器、函数信号发生器　　　　各 1 台

②元件:

74LS192	同步双向十进制计数器	4 片
74LS248	七段式数码显示译码器	2 片
LC5011	七段数码管	2 个
74LS74	双 D 触发器	1 片
74LS32	四-2 输入或门	4 片
74LS08	四-2 输入与门	2 片
74LS04	非门	1 片
NE555 定时器		1 片
红、黄、绿发光二极管		各 2 个
电阻、电容		若干
电位器:100 kΩ		1 个
面包板		1 块

5.2.5　实验原理

如图 5-2-1 所示,为交通灯控制电路的逻辑图,按功能分成 5 个单元电路。

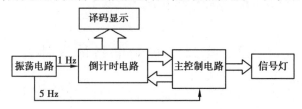

图 5-2-1　交通灯控制电路逻辑图

设计提示:

①秒振荡电路应输出频率分别为 1 Hz 和 5 Hz、幅度为 5 V 的时钟脉冲,要求误差不超过 0.1 s。为提高精度,可用 555 设计一个输出频率为 100 Hz 的多谐振荡器,再通过 100 分频(百进制计数器)而得到 1 Hz 的时钟脉冲,通过 20 分频得到 5 Hz 的时钟脉冲。

②计数器电路应具有 60 s 倒计时(计数范围为 60~1 减计数器)、30 s 倒计时(计数范围为 30~1 减计数器)以及 3 s 计时功能。此 3 种计数功能可用 2 片十进制计数器组成,再通过主控制电路实现转换。

③各个方向的倒计时显示可共用一套译码显示电路,需 2 片 BCD 译码器和 2 个数码管。

④主控制电路和信号灯译码驱动由各种门电路和 D 触发器组成,应能实现计时电路的转换、各方向信号灯的控制。

⑤用 Multisim 设计的整体电路如图 5-2-2 所示,其中部分单元子电路如图 5-2-3、图 5-2-4、图 5-2-5 所示,主控电路如图 5-2-6 所示。

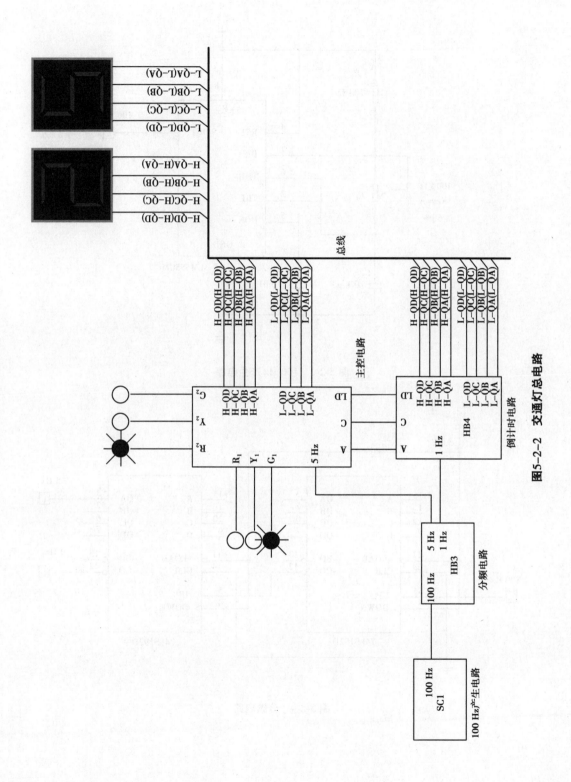

图5-2-2　交通灯总电路

159

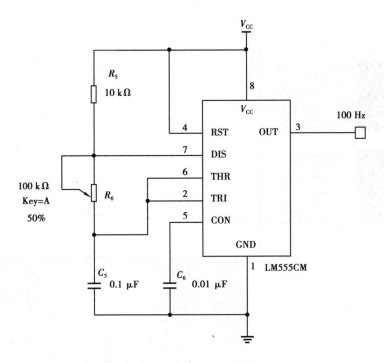

图 5-2-3   100 Hz 产生电路

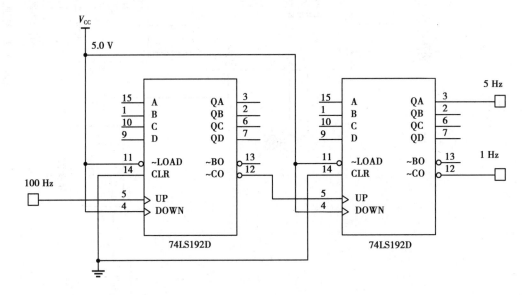

图 5-2-4   分频电路

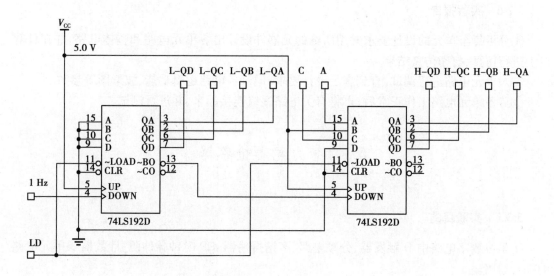

图 5-2-5　倒计时电路

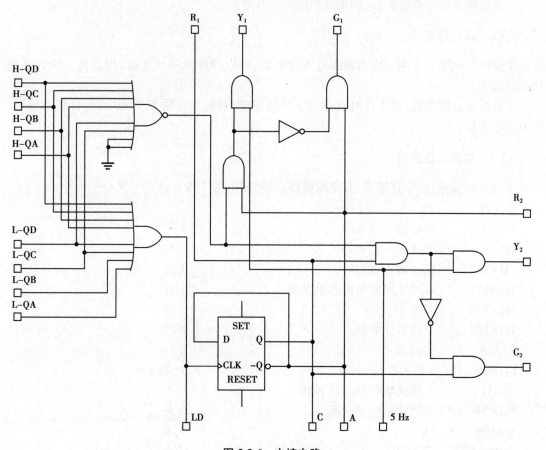

图 5-2-6　主控电路

5.2.6 实验报告

①分析每个单元的设计要求并用所给的元器件设计出各单元电路和整体电路,并在计算机上进行仿真,打印仿真结果。

②对单元电路进行调试,直到满足设计要求,记录各电路逻辑功能、波形图等参数。

③待各单元电路工作正常后,再将有关电路逐级连接起来,并进行测试。

5.3 智力竞赛抢答器

5.3.1 实验目的

①学习数字电路中 D 触发器、分频电路、多谐振荡器、CP 时钟脉冲源、计数器等单元电路的综合运用。

②熟悉智力竞赛抢答器的工作原理。

③了解简单数字系统实验、调试及故障排除方法。

5.3.2 设计任务

①设计一个供 4 人用的智力竞赛抢答器电路,用以判断抢答优先权,用发光二极管代表相应的选手。

②有抢答计时功能,要求计时电路显示时间精确到秒,最多限制为 60 s,一旦超出限时,则取消抢答权。

5.3.3 实验设备及器件

①数电实验箱、数字万用表、双踪示波器、信号发生器　各 1 台

②元件:

74LS00	四-2 输入与非门	1 片
74LS20	二-4 输入与非门	1 片
74LS32	四-2 输入或门	1 片
74LS123	双可重触发单稳态触发器	1 片
74LS175	四-D 触发器	1 片
74LS192	十进制计数器	5 片
NE555	定时器	1 片
CD4078	8 输入或/或非门	1 片
CD4511	七段式数码显示译码器	2 片
74LS248	七段式数码显示器	2 片
电位器	5K	1 支
发光二极管	GREEN	4 支
面包板		1 块
电阻、电容		若干

5.3.4 实验预习要求

本实验的知识点为任意进制数加减计数器、D 触发器、555 定时电路的工作原理,控制逻辑电路的设计等单元电路的设计方法和参数计算、检测、调试。

①复习数字电路中 D 触发器、时钟发生器及计数器、译码显示器等部分内容。

②分析抢答器电路的组成、各部分功能及工作原理。

③列出抢答器电路的测试表格和调试步骤。标出所用芯片引脚号。

④用 Multisim 设计电路并进行仿真。

5.3.5 实验原理

图 5-3-1 为智力抢答器电路的逻辑图,按功能分成 4 个单元电路。

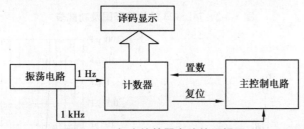

图 5-3-1 智力抢答器电路的逻辑图

设计提示:

①振荡电路应输出频率分别为 1 kHz 和 1 Hz、幅度为 5 V 的时钟脉冲,秒信号要求误差不超过 0.1 s。可用 555 设计一个输出频率为 1 kHz 的多谐振荡器,再通过 1 000 分频(千进制计数器)而得到 1 Hz 的秒脉冲。

②计数器电路应具有 60 s 倒计时(计数范围为 60~0 减计数器)的计时功能,计数到 0 时停止计数。可用 2 片十进制计数器组成,通过检 0 信号控制秒脉冲输入。

③译码显示电路,需 2 片 BCD 译码器和 2 个数码管。

④主控制电路用各种门电路和 D 触发器组成,当信号灯某一个输出为 1 时,封锁 D 触发器的 CP 脉冲输入、并通过单稳态触发器实现计数器的置数功能。另外,计数器的检 0 通过单稳态触发器使 D 触发器复位,信号灯全部熄灭,表示抢答失效。

⑤用 Multisim 设计电路,并实现单元电路的调试。

5.3.6 实验报告

①分析每个单元的设计要求,用所提供的元器件设计出各单元电路和整体电路,并在计算机上进行仿真。

②对单元电路进行调试,直到满足设计要求,记录各电路的逻辑功能、波形图等参数。

③待各单元电路工作正常后,再将有关电路逐级连接起来,并进行测试。

附:74LS123 双可重触发单稳态触发器

74LS123 是一个可重触发单稳态触发器,有清零功能和互补输出端,其芯片管脚图及功能表如图 5-3-2 所示。

其单稳态时间由外围电阻电容决定,其电路连接如图 5-3-3 所示,如果 C_x 是有极性电解电容,则正极接在 R_{EXT}/C_{EXT} 端。暂态时间 $T_w = K \times R_x \times C_x$。$R_x$ 的单位是 $k\Omega$,C_x 的单位是 pF,T_w 的单位是 ns。K 值与电容有关,如图 5-3-4 所示,当 $C_x \gg 1\,000$ pF 时,$K \approx 0.37$。

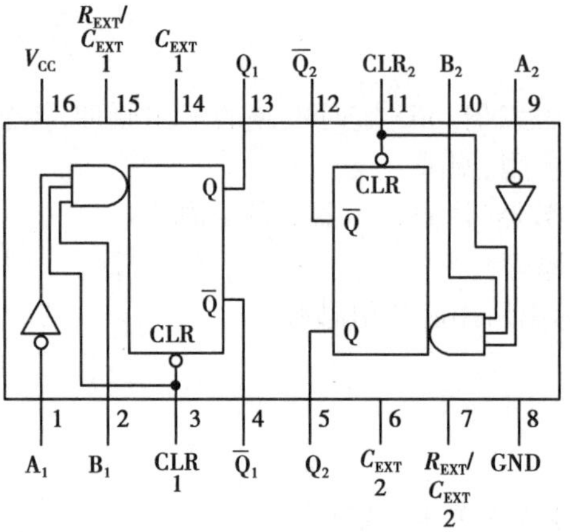

Inputs			Outputs	
CLEAR	A	B	Q	$\overline{Q}$
L	X	X	L	H
X	H	X	L	H
X	X	L	L	H
H	L	↑	⎍	⊔
H	↓	H	⎍	⊔
↑	L	H	⎍	⊔

H=HIGH Logic Level
L=LOW Logic Level
X=Can Be Either LOW or HIGH
↑=Positive Going Transition
↓=Negative Going Transition
⎍=A Positive Pulse
⊔=A Negative Pulse

图 5-3-2　74LS123 芯片管脚图及功能表

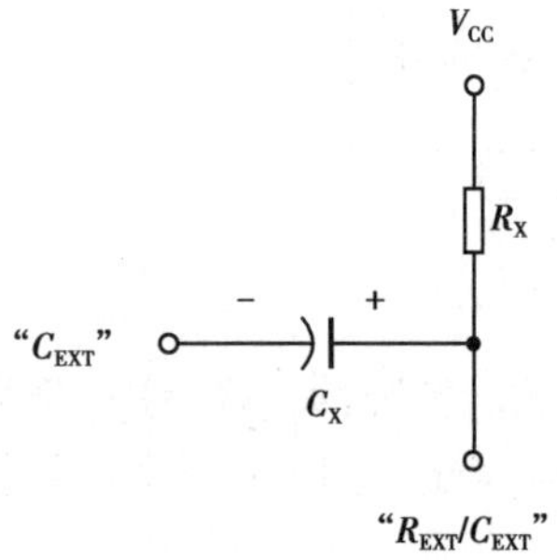

图 5-3-3　74LS123 外围元件的连接

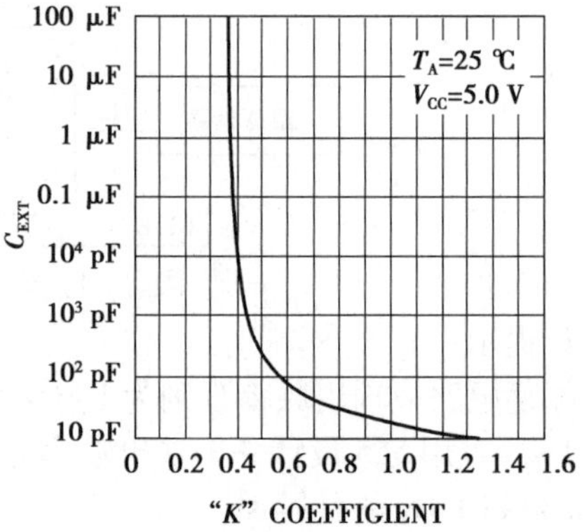

图 5-3-4　K 值与电容的关系图

当 C_x<1 000 pF 时，其暂态时间 T_w 与参数 C_x 及 R_x 的关系如图 5-3-5 所示。

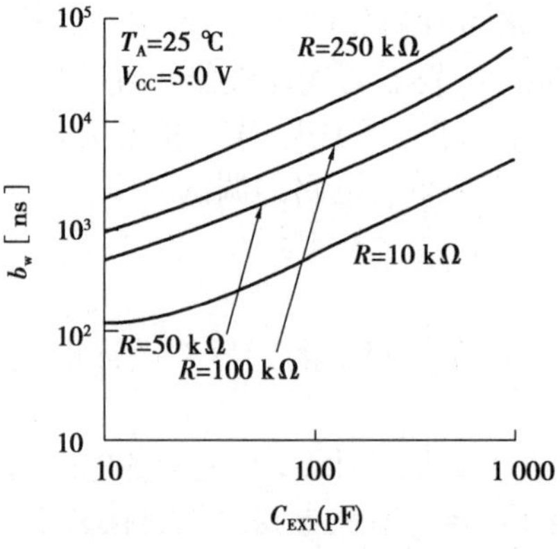

图 5-3-5　暂态时间 T_w 与参数 C_x 及 R_x 的关系图

74LS175：四-D 触发器，具有公共清零端和公共 CP 输入端。如图 5-3-6，图 5-3-7，图 5-3-8 所示。

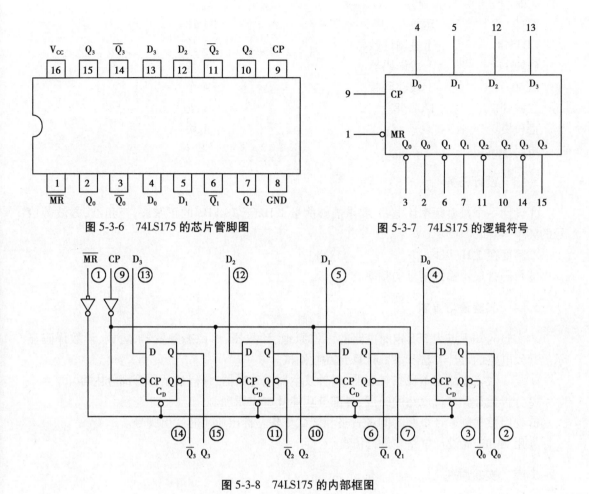

图 5-3-6　74LS175 的芯片管脚图　　　　　图 5-3-7　74LS175 的逻辑符号

图 5-3-8　74LS175 的内部框图

5.4　简易数显频率计的设计

5.4.1　实验目的

①学习时钟发生器,分频器及放大器、施密特触发器、计数、译码显示、控制电路等单元电路的综合应用。

②进一步熟悉大中型电路的设计方法,掌握基本的原理及设计过程。

5.4.2　实验设备及器件

①数电实验箱、数字万用表、双踪示波器、信号发生器　各 1 台

②元件:

NE555	定时器	2 片
74LS390	2-5-10 进制计数器	2 片
74LS123	单稳态触发器	1 片

741	运放	1 片
CD4518	十进制计数器	2 片
CD4511	七段译码器	4 片
LC5011	七段数码管	4 个
二极管	1N4148	1 支
面包板		1 块
电阻、电容		若干

5.4.3 设计任务

①设计一个数显频率计电路,要求能够测量 1 Hz 至 10 kHz 的正弦波,三角波,方波等信号的频率,峰值为 0.5~5 V。

②精度在 1 Hz 以内。

③数码管显示输入信号的频率。

5.4.4 实验预习要求

本实验的知识点为 555 定时电路的工作原理、计数器、单稳态触发器、运放、计数译码显示等单元电路的设计方法和参数计算、检测、调试。

①复习数字电路中单稳态触发器、时钟发生器及计数器、译码显示器等部分内容。

②分析数显频率计电路的组成、各部分功能及工作原理。

③列出数显频率计电路的测试表格和调试步骤。标出所用芯片引脚号。

④用 Multisim 设计电路并进行仿真。

5.4.5 实验原理

图 5-4-1 为简易数显频率计电路的逻辑框图,按其功能分成 5 个单元电路。

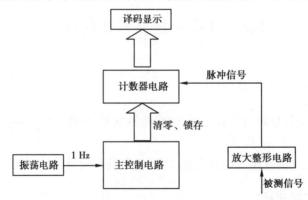

图 5-4-1　简易数显频率计电路的逻辑框图

设计提示:

①秒振荡电路应输出频率为 1 Hz、幅度为 5 V 的时钟脉冲,要求误差不超过 0.001 s。为提高精度,可用 555 设计一个输出频率为 10 000 Hz 的多谐振荡器,再通过 10 000 分频(万进制计数器)而得到 1 Hz 的时钟脉冲。

②放大整形电路能把最小幅值放大至接近 5 V,并整形为脉冲信号。

③译码显示电路最多显示 9999,需 4 片 BCD 译码器和 4 个数码管。

④主控制电路由两个单稳态触发器组成,能够在 1 s 内完成计数器的复位、锁存控制。

5.4.6　实验报告

①分析每个单元的设计要求,用所给的元器件设计出各单元电路和整体电路,并在计算机上进行仿真。

②对单元电路进行调试,直到满足设计要求,记录各电路逻辑功能、波形图等参数。

③待各单元电路工作正常后,再将有关电路逐级连接起来,并进行测试。

④写出实验报告。

附　录

附录 1　TTL 集成电路和 CMOS 集成电路使用规则

(1) TTL 集成电路使用规则

①接插集成块时,要认清定位标记,不得插反。

②电源电压使用范围为+4.5～+5.5 V,实验中要求使用 V_{CC} = +5 V。电源极性绝对不允许接错。

③闲置输入端处理方法:

A.悬空,相当于正逻辑"1",对于一般小规模集成电路的数据输入端,实验时允许悬空处理。但易受外界干扰,导致电路的逻辑功能不正常。因此,对于接有长线的输入端,中规模以上的集成电路和使用集成电路较多的复杂电路,所有控制输入端必须按逻辑要求接入电路,不允许悬空。

B.直接接电源电压 V_{CC}(也可以串入一只 1～10 kΩ 的固定电阻)或接至某一固定电压($+2.4 \leqslant V \leqslant +4.5$)的电源上,或与输入为接地的多余与非门的输出端相接。

C.若前级驱动能力允许,可以与使用的输入端并联。

④输入端通过电阻接地,电阻值的大小将直接影响电路所处的状态。当 $R \leqslant 680$ Ω 时,输入端相当于逻辑"0";当 $R \geqslant 4.7$ kΩ 时,输入端相当于逻辑"1"。对于不同系列的器件,要求的阻值不同。

⑤输出端不允许并联使用[集电极开路门(OC)和三态输出门电路(3C)除外]。否则不仅会使电路逻辑功能混乱,并会导致器件损坏。

⑥输出端不允许直接接地或直接接+5 V 电源,否则将损坏器件,有时为了使后级电路获得较高的输出电平,允许输出端通过电阻 R 接至 V_{CC},一般取 R=3～5.1 kΩ。

(2) CMOS 集成电路使用规则

①U_{DD} 接电源正极,U_{SS} 接电源负极(通常接地),不得接反。CC4000 系列的电源允许电压范围为+3～+18 V,实验中一般要求使用+5～+15 V。

②所有输入端一律不准悬空。

闲置输入端的处理方法:

168

A.按照逻辑要求,直接接 U_{DD}(与非门)或 U_{SS}(或非门)。

B.在工作电平不高的电路中,允许输入端并联使用。

③输出端不允许直接接 U_{DD} 或 U_{SS},否则将导致器件损坏。

④在装接电路,改变电路连接或插、拔电路时,均应切断电源,严禁带电操作。

⑤焊接、测试和储存时的注意事项:

A.电路应存放在导电的容器内,有良好的静电屏蔽。

B.焊接时必须切断电源,电烙铁外壳必须良好接地,或拔下电烙铁,靠其余热焊接。

C.所有的测试仪器必须良好接地。

D.若信号源与 CMOS 器件使用两组电源供电,应先开 CMOS 电源,关机时先关信号源,最后再关 CMOS 电源。

附录 2　部分集成电路引脚排列

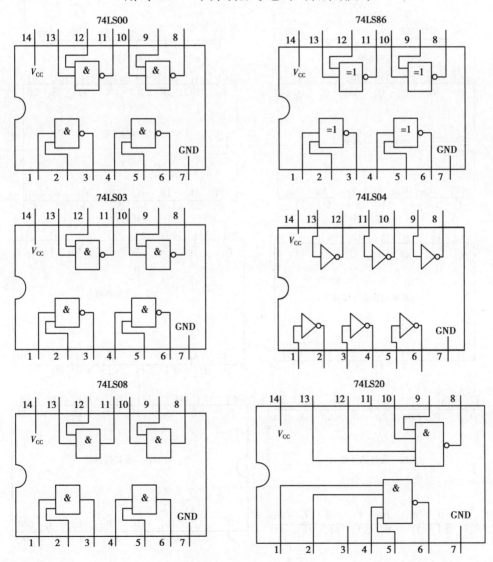

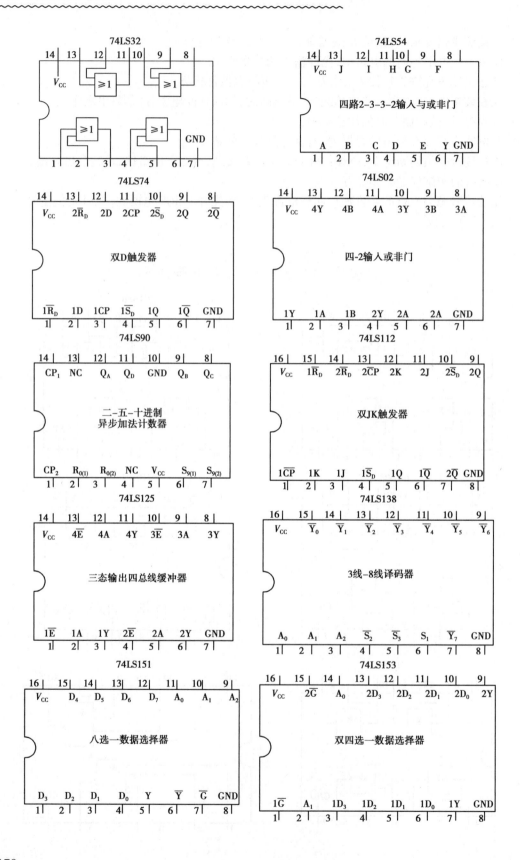

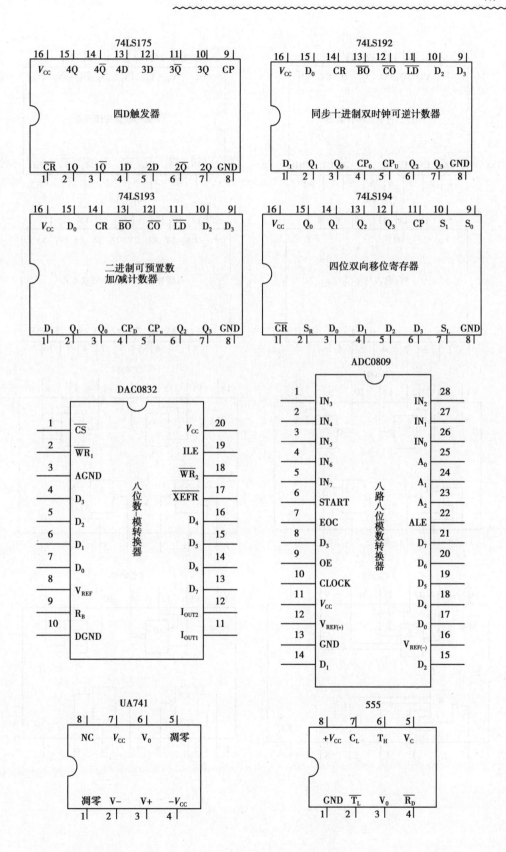

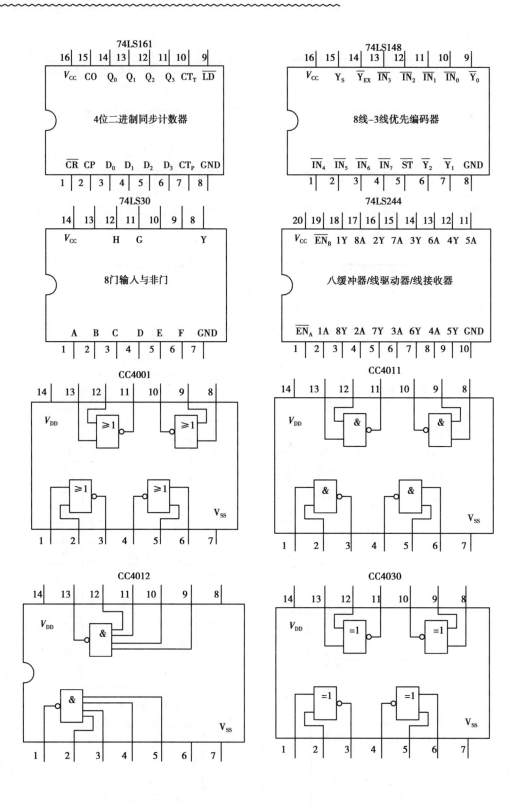

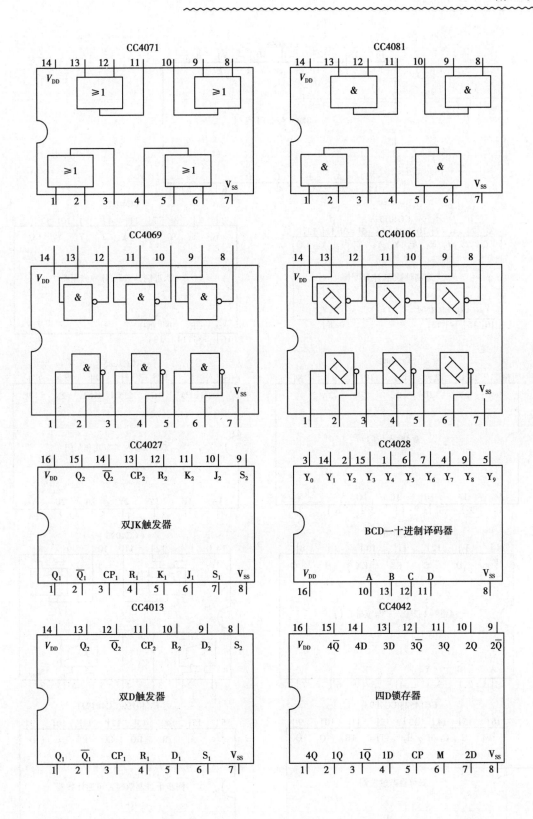

CC4071

| 14 | 13 | 12 | 11 | 10 | 9 | 8 |

V_{DD} ≥1 ≥1

≥1 ≥1 V_{SS}

| 1 | 2 | 3 | 4 | 5 | 6 | 7 |

CC4081

| 14 | 13 | 12 | 11 | 10 | 9 | 8 |

V_{DD} & &

& & V_{SS}

| 1 | 2 | 3 | 4 | 5 | 6 | 7 |

CC4069

| 14 | 13 | 12 | 11 | 10 | 9 | 8 |

V_{DD} & & &

& & & V_{SS}

| 1 | 2 | 3 | 4 | 5 | 6 | 7 |

CC40106

| 14 | 13 | 12 | 11 | 10 | 9 | 8 |

V_{DD}

V_{SS}

| 1 | 2 | 3 | 4 | 5 | 6 | 7 |

CC4027

| 16 | 15 | 14 | 13 | 12 | 11 | 10 | 9 |
| V_{DD} | Q_2 | $\overline{Q}_2$ | CP_2 | R_2 | K_2 | J_2 | S_2 |

双JK触发器

| Q_1 | $\overline{Q}_1$ | CP_1 | R_1 | K_1 | J_1 | S_1 | V_{SS} |
| 1 | 2 | 3 | 4 | 5 | 6 | 7 | 8 |

CC4028

| 3 | 14 | 2 | 15 | 1 | 6 | 7 | 4 | 9 | 5 |
| Y_0 | Y_1 | Y_2 | Y_3 | Y_4 | Y_5 | Y_6 | Y_7 | Y_8 | Y_9 |

BCD一十进制译码器

| V_{DD} | | | A | B | C | D | | V_{SS} |
| 16 | | | 10 | 13 | 12 | 11 | | 8 |

CC4013

| 14 | 13 | 12 | 11 | 10 | 9 | 8 |
| V_{DD} | Q_2 | $\overline{Q}_2$ | CP_2 | R_2 | D_2 | S_2 |

双D触发器

| Q_1 | $\overline{Q}_1$ | CP_1 | R_1 | D_1 | S_1 | V_{SS} |
| 1 | 2 | 3 | 4 | 5 | 6 | 7 |

CC4042

| 16 | 15 | 14 | 13 | 12 | 11 | 10 | 9 |
| V_{DD} | $4\overline{Q}$ | 4D | 3D | $3\overline{Q}$ | 3Q | 2Q | $2\overline{Q}$ |

四D锁存器

| 4Q | 1Q | $1\overline{Q}$ | 1D | CP | M | 2D | V_{SS} |
| 1 | 2 | 3 | 4 | 5 | 6 | 7 | 8 |

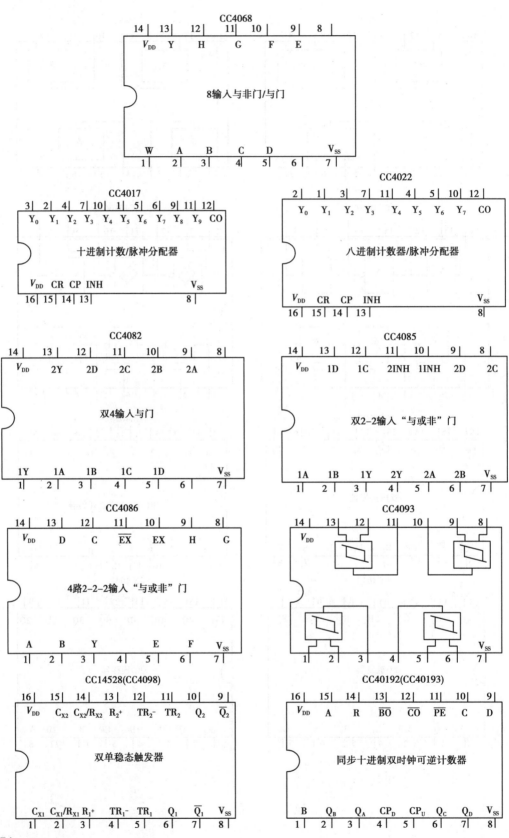

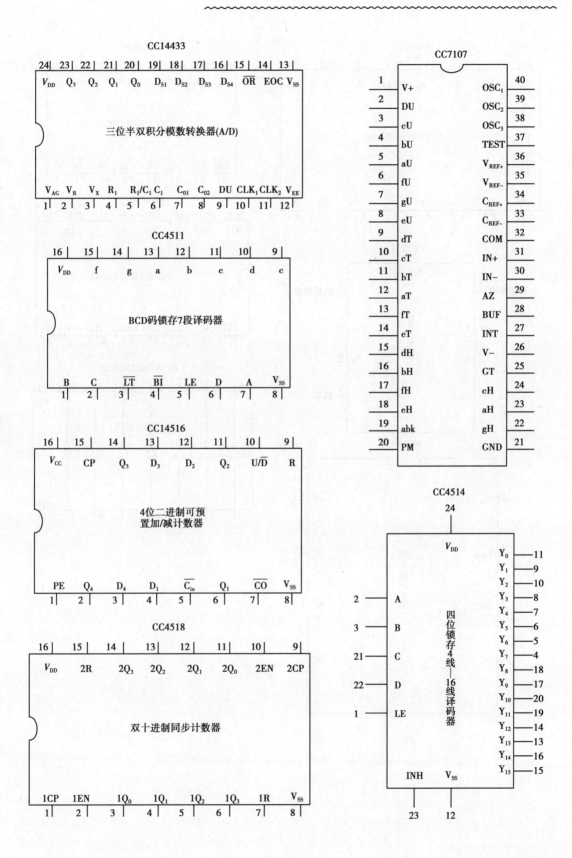

CC14433

24	23	22	21	20	19	18	17	16	15	14	13
V_{DD}	Q_3	Q_2	Q_1	Q_0	D_{S1}	D_{S2}	D_{S3}	D_{S4}	$\overline{OR}$	EOC	V_{SS}

三位半双积分模数转换器(A/D)

V_{AG}	V_R	V_X	R_1	R_1/C_1	C_1	C_{01}	C_{02}	DU	CLK_1	CLK_2	V_{EE}
1	2	3	4	5	6	7	8	9	10	11	12

CC4511

16	15	14	13	12	11	10	9
V_{DD}	f	g	a	b	c	d	e

BCD码锁存7段译码器

B	C	$\overline{LT}$	$\overline{BI}$	LE	D	A	V_{SS}
1	2	3	4	5	6	7	8

CC14516

16	15	14	13	12	11	10	9
V_{CC}	CP	Q_3	D_3	D_2	Q_2	$U/\overline{D}$	R

4位二进制可预置加/减计数器

PE	Q_4	D_4	D_1	$\overline{C_{in}}$	Q_1	$\overline{CO}$	V_{SS}
1	2	3	4	5	6	7	8

CC4518

16	15	14	13	12	11	10	9
V_{DD}	2R	$2Q_3$	$2Q_2$	$2Q_1$	$2Q_0$	2EN	2CP

双十进制同步计数器

1CP	1EN	$1Q_0$	$1Q_1$	$1Q_2$	$1Q_3$	1R	V_{SS}
1	2	3	4	5	6	7	8

CC7107

1	V+	OSC₁	40
2	DU	OSC₂	39
3	cU	OSC₃	38
4	bU	TEST	37
5	aU	V_{REF+}	36
6	fU	V_{REF-}	35
7	gU	C_{REF+}	34
8	eU	C_{REF-}	33
9	dT	COM	32
10	cT	IN+	31
11	bT	IN−	30
12	aT	AZ	29
13	fT	BUF	28
14	eT	INT	27
15	dH	V−	26
16	bH	GT	25
17	fH	cH	24
18	eH	aH	23
19	abk	gH	22
20	PM	GND	21

CC4514

24

	V_{DD}	
2 — A		Y_0 — 11
3 — B		Y_1 — 9
21 — C	四位锁存4线—16线译码器	Y_2 — 10
22 — D		Y_3 — 8
1 — LE		Y_4 — 7
		Y_5 — 6
		Y_6 — 5
		Y_7 — 4
		Y_8 — 18
		Y_9 — 17
		Y_{10} — 20
		Y_{11} — 19
		Y_{12} — 14
		Y_{13} — 13
		Y_{14} — 16
INH	V_{SS}	Y_{15} — 15

23   12

175

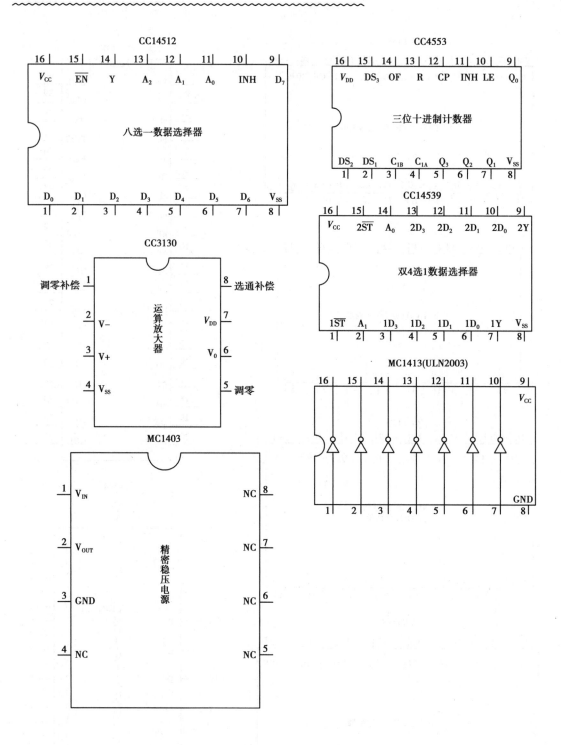

参考文献

[1] 古良玲.电路仿真与电路板设计项目化教程(基于 Multisim 与 Protel)[M].北京:机械工业出版社,2014.

[2] 邱光源.电路[M].5 版.北京:高等教育出版社,2006.

[3] 康华光.电子技术基础—模拟部分[M].5 版.北京:高等教育出版社,2008.

[4] 康华光.电子技术基础—数字部分[M].5 版.北京:高等教育出版社,2008.

[5] 陈耀华.脉冲与数字技术实验及应用[M].5 版.北京:科学技术文献出版社,1998.

[6] 刘懋维.电子电路测量与实验[M].北京:科学技术文献出版社,1998.

[7] 杨刚.模拟电子技术基础实验[M].北京:电子工业出版社,2003.

[8] 杨刚.数字电子技术基础实验[M].北京:电子工业出版社,2004.

[9] 董平.电子技术实验[M].北京:电子工业出版社,2003.

[10] 高吉祥.电子技术基础实验与课程设计[M].北京:电子工业出版社,2011.

[11] 谢自美.电子线路设计·实验·测试[M].武汉:华中科技大学出版社.

[12] 侯建军.电子技术基础实验、综合设计实验与课程设计[M].北京:高等教育出版社,2007.

[13] 蒋黎红.模电数电基础实验及 Multisim 7 仿真[M].杭州:浙江大学出版社,2007.

[14] 郭锁利.基于 Multisim 9 的电子系统设计、仿真与综合应用[M].北京:人民邮电出版社,2008.